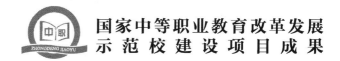
国家中等职业教育改革发展
示范校建设项目成果

电子测试技术实训指导书

dianzi ceshi jishu shixun zhidaoshu

主　编　赵新辉

副主编　郑洁平

参　编　唐　娣　梁德任　田志晓

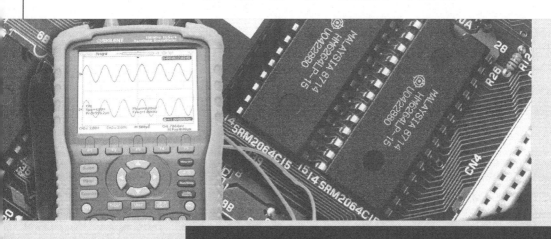

知识产权出版社

全国百佳图书出版单位

责任编辑：石陇辉   责任校对：董志英

文字编辑：祝元志   责任出版：谷　洋

封面设计：刘　伟

图书在版编目（CIP）数据

电子测试技术实训指导书/赵新辉主编 . —北京：
知识产权出版社，2014.6
国家中等职业教育改革发展示范校建设项目成果
ISBN 978 - 7 - 5130 - 2203 - 3

Ⅰ.①电…　Ⅱ.①赵…　Ⅲ.①电子测量技术—中等专
业学校—教学参考资料　Ⅳ.①TM93

中国版本图书馆 CIP 数据核字（2013）第 178895 号

国家中等职业教育改革发展示范校建设项目成果

电子测试技术实训指导书

赵新辉　主编

出版发行：知识产权出版社 有限责任公司　　　　邮　编：100088

社　　址：北京市海淀区马甸南村1号　　　　　　邮　箱：bjb@cnipr.com

网　　址：http://www.ipph.cn　　　　　　　　传　真：010－82005070/82000893

发行电话：010－82000860 转 8101/8102　　　　责编邮箱：shilonghui@cnipr.com

责编电话：010－82000860 转 8175　　　　　　经　销：新华书店及相关销售网点

印　　刷：北京中献拓方科技发展有限公司　　　　印　张：6.75

开　　本：787mm×1092mm　1/16　　　　　　　印　次：2014 年 6 月第 1 次印刷

版　　次：2014 年 6 月第 1 版　　　　　　　　　定　价：25.00 元

字　　数：151 千字

ISBN 978-7-5130-2203-3

审定委员会

主　任：高小霞

副主任：郭雄艺　　罗文生　　冯启廉　　陈　强

　　　　刘足堂　　何万里　　曾德华　　关景新

成　员：纪东伟　　赵耀庆　　杨　武　　朱秀明　　荆大庆

　　　　罗树艺　　张秀红　　郑洁平　　赵新辉　　姜海群

　　　　黄悦好　　黄利平　　游　洲　　陈　娇　　李带荣

　　　　周敬业　　蒋勇辉　　高　琰　　朱小远　　郭观棠

　　　　祝　捷　　蔡俊才　　张文库　　张晓婷　　贾云富

序

根据《珠海市高级技工学校"国家中等职业教育改革发展示范校建设项目任务书"》的要求，2011年7月～2013年7月，我校立项建设的数控技术应用、电子技术应用、计算机网络技术和电气自动化设备安装与维修四个重点专业，需构建相对应的课程体系，建设多门优质专业核心课程，编写一系列一体化项目教材及相应实训指导书。

基于工学结合专业课程体系构建需要，我校组建了校企专家共同参与的课程建设小组。课程建设小组按照"职业能力目标化、工作任务课程化、课程开发多元化"的思路，建立了基于工作过程、有利于学生职业生涯发展的、与工学结合人才培养模式相适应的课程体系。根据一体化课程开发技术规程，剖析专业岗位工作任务，确定岗位的典型工作任务，对典型工作任务进行整合和条理化。根据完成典型工作任务的需求，四个重点建设专业由行业企业专家和专任教师共同参与的课程建设小组开发了以职业活动为导向、以校企合作为基础、以综合职业能力培养为核心，理论教学与技能操作融合贯通的一系列一体化项目教材及相应实训指导书，旨在实现"三个合一"：能力培养与工作岗位对接合一、理论教学与实践教学融通合一、实习实训与顶岗实习学做合一。

本系列教材已在我校经过多轮教学实践，学生反响良好，可用做中等职业院校数控、电子、网络、电气自动化专业的教材，以及相关行业的培训材料。

珠海市高级技工学校

前　言

　　本书是电子技术应用专业优质核心课程"电子测试技术"的实训指导书。课程建设小组以电子产品测试员职业岗位工作任务分析为基础，以国家职业资格标准为依据，以综合职业能力培养为目标，以典型工作任务为载体，以学生为中心，运用一体化课程开发技术规程，根据典型工作任务和工作过程设计课程教学内容和教学方法，按照工作过程的顺序和学生自主学习的要求进行教学设计并安排教学活动，共设计了4个模块、25个学习任务，每个学习任务下设计了多个学习活动和教学环节。通过这些学习任务，重点对学生进行电子测试行业的基本技能、岗位核心技能的训练，并通过完成电子测试典型工作任务的一体化课程教学达到与电子技术应用专业对应的电子产品测试员岗位对接，坚持"学习的内容是工作，通过工作实现学习"的工学结合课程理念，最终实现培养高素质技能人才的目标。

　　本书由我校电子技术应用专业相关人员与恒波通信设备发展有限公司等单位的专家共同开发、编写完成。本书由赵新辉担任主编，郑洁平担任副主编，参加编写的人员有唐娣、梁德任、田志晓。全书由赵新辉统稿，高小霞对本书进行了审稿与指导，曾德华等参加了审稿和指导工作。

　　由于时间仓促，编者水平有限，加之改革处于探索阶段，书中难免有不妥之处，敬请专家、同仁给予批评指正，为我们的后续改革和探索提供宝贵的意见和建议。

编者

目　　录

模块一
电子测试基本理论

【任务描述】

学生在接受老师指定的工作任务后，了解电子电路制作、调试的特殊环境，设备管理要求，依照电子制作的标准，穿着防静电服，分组独立完成相关电子产品电路的制作和参数测量，在制作和测量过程中学习电子测试技术相关理论知识，如电子测量基本概念、电子测试基本方法、电子测试主要内容、测量误差理论、数据处理方法等，并能熟练地掌握电子测试相关仪器仪表的使用方法。

【知识目标】

(1) 电子测试基本概念；

(2) 电子测试基本方法；

(3) 电子测试主要内容；

(4) 测量误差理论；

(5) 数据处理方法。

【技能目标】

(1) 培养学生对电子技术的兴趣；

(2) 掌握具体的电子测试的基本知识。

【工作流程】

在了解认识电子测试、电子测量基本理论的基础上深入学习，同时结合仪器仪表使用、元器件基本特性测量等具体实训活动，使学生掌握电子测试相关的主要理论知识和技术；在整个过程中培养学生自主学习的能力和与人合作的团队精神，最终对学生进行综合评价，以提高其综合职业能力。

学习任务一　电子测量与计量的基本概念

• **任务目的**

熟悉掌握电子测量、电子计量的基本概念，能够理解电子测试的重要性。

• **任务要求**

①理论掌握程度；②资料查阅能力；③总结能力；④小组内合作情况。

● 活动安排

(1) 听老师讲解，掌握电子测量的基本概念。

(2) 阅读教材等相关文献，熟悉电子测试相关内容。

(3) 查阅文献，了解电子测试的实际应用。

(4) 独立思考，了解电子测试技术可以解决工作和生活中的哪些问题。

● 补充知识点

电压：电荷 q 在电场力作用下从电场中 A 点移动到 B 点，电场力所做的功 W_{AB} 与电荷 q 的比值即为 AB 两点间的电压。电压的单位为伏［特］，单位符号为 V。

电流：单位时间内通过导体横截面的电量即为电流。电流的单位为安［培］，单位符号为 A。

电感：通过闭合回路的电流发生改变时，回路中会出现电动势来抵抗电流的改变，这就是闭合回路的电感。电感的单位是亨［利］，单位符号为 H。

电容：电容器两端的电势差增加 1V 所需的电量即为电容器的电容。电容的单位是法［拉］，单位符号为 F。

电阻：电阻遵循欧姆定律（$R=U/I$），通过电阻的电流与电阻两端的电压成正比。

极性：电压或电流的方向。

直流电：电压的大小和方向不随时间变化的电流。

交流电：电压的大小和方向随时间以某种频率变化的电流，最简单的变化形式是正弦波。

功率：单位时间内所作的功。

均方根值：即 RMS 值。对波形的每一点电压进行平方，平方后波形的平均值的平方根就是 RMS 值。

平均值：假设波形经过全波整流后的波形平均值。

峰峰值：交流电从一个峰值到相邻另一峰值的差值。

谐波：周期波含的一切频率分量称为谐波。谐波的频率是基波的整数倍。

方波：由基波加无数奇次谐波所构成的周期波。

调制：一种波的某些特性或参数随另一种波的瞬时值而变化的过程。

分贝：两个功率电平之比，$\mathrm{dB}=10\log\left(\dfrac{p_2}{p_1}\right)$。

绝对分贝值：$\mathrm{dB}=10\log\left(\dfrac{p_2}{p_{REF}}\right)$。

测量误差：测量结果减去被测量的真值。

阻抗：电气元件的阻抗由下式确定：$Z=\dfrac{V\angle\theta_V}{I\angle\theta_I}=\dfrac{V}{I}\angle\theta_Z=R+X_{\mathrm{j}}$。

带宽：测量交流电波形的仪器通常有某种最大频率，超过该频率后测量精度会下降。该频率为仪表的带宽。

上升时间：波形从一种电压变至另一种电压的时间，通常取峰值的 10％～90％ 所需变化时间。

单位和单位制：我国法定计量单位由国际单位制（SI）单位、国家选定的非国际单位制单位组合而成。

国际单位制的基本单位及词头见表1－1、表1－2。

表1－1 国际单位制的基本单位

量的名称	单位名称	单位符号	备 注
长度	米	m	1m是光在真空中1/299792458s的时间间隔内所经路径的长度
质量	千克	kg	1kg是国际千克原器的质量
时间	秒	s	1s是与铯－133原子基态的两个超精细能级间跃迁相对应的辐射的9192631770个周期的持续时间
电流	安[培]	A	真空中，截面积可忽略的两根相距1m的无限长平行圆直导线内通以恒量电流时，若导线间相互作用力在每米长度上为2×10^{-7}N，则每根导线的电流为1A
热力学温度	开[尔文]	K	
物质的量	摩[尔]	mol	
发光强度	坎[德拉]	cd	

表1－2 用于构成十进制倍数和分数单位的词头

因 数	词头名称	符号
10^{15}	拍[它]	P
10^{12}	太[拉]	T
10^9	吉伽	G
10^6	兆	M
10^3	千	k
10^2	百	h
10^1	十	da
10^{-1}	分	d
10^{-2}	厘	c
10^{-3}	毫	m
10^{-6}	微	μ
10^{-9}	纳[诺]	n
10^{-12}	皮[可]	p
10^{-15}	飞[母托]	f

评价与分析

表 1-3 综合评价

项　　目	自我评价（占总评10%）			小组评价（占总评30%）			教师评价（占总评60%）		
	9～10	6～8	1～5	9～10	6～8	1～5	9～10	6～8	1～5
收集信息									
资料查阅									
回答问题									
学习主动性									
协作精神									
工作页质量									
纪律观念									
表达能力									
工作态度									
小　　计									
总　　评									

学习任务二　电子测试的基本内容与特点

* 任务目的

了解电子测试领域涉及的行业和内容，掌握电子测试的特点，能够利用电子测试特点来分析问题

* 任务要求

①电子测试特点的掌握程度；②资料查阅能力；③总结能力；④小组内合作情况。

* 活动安排

（1）听老师讲解，并联系实际生产，熟悉、掌握电子测试所涉及的行业和内容。

（2）查阅文献和资料，将与电子测试相关的岗位列出来。

（3）总结电子测试技术的特点。

（4）独立思考如何结合电子测试的特点来完成本课程的学习。

* 补充知识点

1. 电子测试的内容

（1）按测试对象的频率特性，电子测试的内容可分为低频、中频、高频等部分；各频域对应的频段及波长情况，如图 1-1 所示。

（2）按测试对象电子测试内容分为以下几种：

1）能量信号：电流、电压、功率、电场强度、电磁干扰等。

2）有关信号特征的参数：频率、相位、波形参数、频谱参数、调制参数、噪声等。

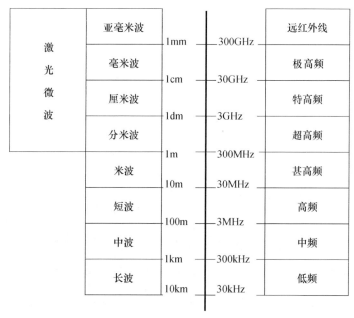

图 1-1 按频率划分电子测试的内容

3）有关电路元件和材料的参数：阻抗、导纳、电感、电容、品质因数、介电常数等。

4）有关网络（有源/无源）特征参数：衰减、增益、群延时等传输参数，SWR、反射系数等反射参数，带宽，噪声系数等。

（3）按信号与系统分析分类，可把电子测试分为时域、频域、数据域、调制域测试。

2. 电子测试的特点

（1）量程和频带范围宽。

电子测试量程很大，例如，外空信号功率小到 10^{-14} W，而远程雷达功率大到 10^8 W。

电子测量的工作频率范围非常宽，可以从 $10^{-6} \sim 10^{11}$ Hz。从而带来测试方法上的差异。

（2）准确度差别大。时间频率测试的准确度可达到 10^{-13}，而其他测试的准确度要差好几个量级。由于导出单位比基本单位的准确度要差，电子测试的各个量的准确度（除频率外）比其他单位都要低。

（3）影响参数多，影响特性复杂。影响电子测试的量很多，如温度、电源电压、显示等。测量仪器内部元器件的互相作用都会影响测量准确度。

（4）测量误差难处理。由于测量的影响量较多，而且影响特性很难描述和定量，所以电子测量的测量误差较难处理。

（5）自动化、智能化。计算机技术进入测量领域后大大提高了电子测量的自动化和智能化程度，比如误差修正、自动校准、自动故障诊断等，大大提高了测量精度和测量效率。

 评价与分析

表 1 - 4 综合评价

项 目	自我评价（占总评 10%）			小组评价（占总评 30%）			教师评价（占总评 60%）		
	9~10	6~8	1~5	9~10	6~8	1~5	9~10	6~8	1~5
收集信息									
工程绘图									
回答问题									
学习主动性									
协作精神									
工作页质量									
纪律观念									
表达能力									
工作态度									
小 计									
总 评									

学习任务三　电子测试的基本方法

- 任务目的

掌握电子测试的几种常用测量方法；能够根据实际情况选择合适的测量方法；掌握电子测试过程中的安全操作。

- 任务要求

①安全操作意识；②测量方法掌握能力；③方法灵活应用能力；④小组内合作情况。

- 活动安排

（1）熟悉实训场地，认识电子测试的各项设备。

（2）阅读安全操作注意事项，掌握电子测试的规范操作。

（3）听老师讲解静态测量和动态测量的区别，并根据实际情形选择测量方法。

（4）掌握直接测量法、间接测量法和比较测量法的相关内容，根据教师指导完成具体项目的测量，并记录相关数据。

（5）根据测量结果总结几种测量方法的应用范围。

（6）完成工作页，清理现场。

- 补充知识点

1. 静态测量和动态测量

静态测量和动态测量是根据测量过程中被测量是否随时间变化来区分的。前者是指测量时，被测电路不加输入信号或只加固定电位，如放大器静态工作点的测量；后者是指测量时，被测电路需加上一定频率和幅值的输入信号，如放大器增益的测量。

2. 直接测量法和间接测量法

（1）直接测量法。使用按已知标准定度的电子仪器，对被测量直接进行测量，从而测得其数据的方法，称为直接测量法。例如用电压表测量交流电源电压等。

需要说明的是，直接测量并不意味着就是用直读式仪器进行测量，许多比较式仪器虽然不一定能直接从仪器度盘上获得被测量之值，但因参与测量的对象就是被测量，所以这种测量仍属直接测量。一般情况下直接测量法的精确度比较高。

（2）间接测量法。使用按照已知标准定度的电子仪器，不直接对被测量进行测量，而对一个或几个与被测量具有某种函数关系的物理量进行直接测量，然后通过函数关系计算出被测量值，这种测量方法称为间接测量法。例如，要测量电阻的消耗功率，可以先直接测量电压、电流或测量电流、电阻，然后根据 $P=UI=I^2R=U^2/R$ 求出电阻的功率。

有的测量需要直接测量法和间接测量法兼用，称为组合测量法。例如，将被测量和另外几个量组成方程，通过直接测量几个量来求解方程，从而得出被测量的值。

3. 直读测量法与比较测量法

直读测量法是直接从仪器仪表的度盘上读出测量结果的方法。例如，用电压表测量电压、利用频率计测量信号的频率等都是直读测量法。这种方法根据仪器仪表的读数来判断被测量的大小，简单方便，因而被广泛采用。

比较测量法是在测量过程中，通过被测量与标准进行比较而获得测量结果。电桥就是典型的例子，它是利用标准电阻（电容、电感）对被测量进行测量。

4. 测量方法的选择

采用正确的测量方法，可以得到比较精确的测量结果，否则测量数据会不准确或错误，甚至会损坏测量仪器或损坏被测设备和元件等。例如，用万用表的 $R\times1$ 挡测量小功率晶体管的发射结电阻时，由于仪表的内阻很小，使晶体管基极注入的电流过大，结果晶体管尚未使用就可能会在测试过程中被损坏。

在选择测量方法时，应首先考虑被测量本身的特性、所处的环境条件、所需要的精确程度以及所具有的测量设备等因素，综合考虑后正确地选择测量方法、测量设备并编制合理的测量程序，才能顺利地得到正确的测量结果。

5. 电子测量仪器的放置

在电子测量中完成一项被测量的测量，往往需要数台测量仪器及各种辅助设备。例如，要观测负反馈对单级放大器的影响，就需要低频信号发生器、示波器、电压表及直流稳压电源等仪器。仪器摆放位置、连接方法等是否合理，都会对测量过程、测量结果及仪器自身安全产生影响。因此要注意以下两点。

（1）进行测量前应安排好仪器的位置。放置仪器时，应尽量使仪器的指示电表或显示器与操作者的视线平行，以减少视差；对那些在测量中需频繁操作的仪器，其位置的安排应方便操作者使用；在测量中需要两台或多台仪器重叠放置时，应把重量轻、体积小的仪器放在上层；对散热量大的仪器还要注意它的散热条件及对邻近仪器的影响。

（2）电子测量仪器之间的连线。除了稳压电源输出线，电子测量仪器的其他信号线要求使用屏蔽导线，而且要尽量短，尽量不交叉，以免引起信号的串扰和寄生振荡。例如，在图 1-2 所示的仪器布置中，（a）、（c）的布置和连线是正确的，（b）的连线过长，（d）

连线有交叉，这两种情况都是不妥当的。

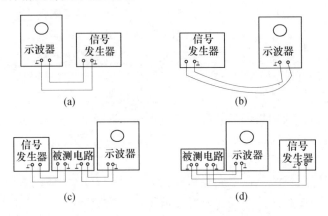

图 1-2　仪器的布置和连线

6. 电子测量仪器的接地

电子测量仪器的接地有两层意义：一是以保障操作者人身安全为目的的安全接地；二是以保证电子测量仪器正常工作为目的的技术接地。

（1）安全接地。安全接地的"地"是指真正的大地，即实验室大地。大多数电子测量仪器一般都使用 220V 交流电源，而仪器内部的电源变压器的铁心及初、次级绕组之间的屏蔽层都直接与机壳连接。正常时，绝缘电阻一般很大（达 100MΩ），人体接触机壳是安全的；当仪器受潮或电源变压器质量不佳时，绝缘电阻会明显下降，人体接触机壳就可能触电。为了消除隐患要求接地端良好接地。

（2）技术接地。技术接地是一种防止外界信号串扰的方法。这里所说的"地"，并非大地，而是指等电位点，即测量仪器及被测电路的基准电位点。技术接地一般有一点接地和多点接地两种方式：前者适用于直流或低频电路的测量，即把测量仪器的技术接地点与被测电路的技术接地点连在一起，再与实验室的总地线（大地）相连；多点接地则应用于高频电路的测量。

 评价与分析

表 1-5　　　　　　　　　　　　综合评价

项　　目	自我评价（占总评10%）			小组评价（占总评30%）			教师评价（占总评60%）		
	9～10	6～8	1～5	9～10	6～8	1～5	9～10	6～8	1～5
收集信息									
测量操作									
测量方法选择									
回答问题									
学习主动性									
协作精神									

项　　目	自我评价（占总评10%）			小组评价（占总评30%）			教师评价（占总评60%）		
	9～10	6～8	1～5	9～10	6～8	1～5	9～10	6～8	1～5
工作页质量									
纪律观念									
表达能力									
工作态度									
小　　计									
总　　评									

学习任务四　测量误差分析与数据处理

- 任务目的

掌握测量误差的基本概念、产生原因和表示方法；了解测量不确定度概念；能够在测量中正确应用误差分析方法表示测量结果。

- 任务要求

①误差理论掌握程度；②实际测量结果的误差分析；③小组内合作情况。

- 活动安排

（1）观察测试仪器及测量结果的规范书写方式。

（2）听老师讲解，了解测量误差的概念和内涵，掌握测量结果的正确表示方法。

（3）重复上次任务的测量内容，并检查上一任务测量结果书写是否规范。

（4）查阅测量仪器的说明书，记录测量仪器本身的精度。

（5）阅读相关资料，了解测量不确定度的含义及表示方法。

（6）完成工作，整理现场。

- 补充知识点

1. 测量误差

（1）被测量。

定义：受测量的特定量。

被测量的真值就是被测量的定义值，又称被测量值。被测量的定义通常要规定某些特定物理状态条件。例如，标称值为1m长的钢棒，要测到微米量级时，应规定定义长度的温度和压力，因此被测量可定义为某棒在25.00℃及101 325 Pa时的长度。若有必要，还可能加湿度、棒的支撑方式等条件。若只测到毫米量级，就无需规定温度、压力或其他条件。

（2）影响量。

定义：不是被测量但对测量结果有影响的量。

例如，用千分尺测棒的长度时受温度的影响，则长度是被测量，温度是影响量。用电压表测量电压源的输出电压时受频率的影响，则电压是被测量，频率是影响量。

（3）测量结果。

定义：由测量所得的赋予被测量的值。

测量结果通常是多次重复测量的测量值的算术平均值，分为未修正的测量结果和已修正的测量结果。对间接测量和组合测量来说，测量结果还需由测量值通过计算得到。

（4）测量误差。

定义：测量结果减去被测量的真值。

测量的目的就是要确定被测量的量值，但由于人们对客观规律认识的局限性，测量设备不准确，测量方法不完善，温度、压力、振动、干扰等环境条件不理想，测量人员的技术水平等原因，都会使测量结果与被测量的定义值（即真值）不同。因此测量误差的存在是客观和普遍的。

设测量误差用 Δ 表示，真值为 X_0，测量结果为 X。则 $\Delta = X - X_0$。

绝对误差有大小和符号，其单位与测量结果的单位相同。例如，三角形的三个内角之和的理论值为 $180°$，实测结果为 $178°$，则绝对误差为 $-2°$，符号为负，说明测量结果小于真值。绝对误差与真值之比称为相对误差。相对误差只有大小和符号，没有量纲。

由于通常情况下真值是不知道的，因此无法准确确定测量误差的值。

测量误差按其性质可分为随机误差和系统误差两种：

1）随机误差：测量结果减去在重复条件下对同一被测量进行无限多次测量结果的平均值。

2）系统误差：在重复条件下对同一被测量进行无限多次测量结果的平均值减去被测量的真值。

假设：Δ——测量误差；

      δ——测量的随机误差；

      ε——测量的系统误差；

      μ——无限多次测量结果的算术平均值，即期望；

      X——测量结果；

      X_0——被测量的真值。

则

随机误差：$\delta = X - \mu$

系统误差：$\varepsilon = \mu - X_0$

误差：$\Delta = X - X_0 = \delta + \varepsilon$

由于影响量的不可预期，每个测量值随机地偏离其期望值，这就是随机误差。随机误差不是测量值的实验标准偏差或其倍数（以前的书中是这样认为的，现在已对随机误差重新定义了），这一点要特别注意。

由于某种影响量的影响，使测量值的期望偏离真值，这就是系统误差。

在实际工作中，测量不可能进行无穷多次，通常又不知道被测量的真值，因此无论随机误差还是系统误差都是理想的概念，无法知道其值的大小，但可以通过改进测量方法、测量设备及控制影响量等方法减小客观存在着的测量误差。

（5）修正值。

定义：以代数法相加于未修正的测量结果，用于补偿系统误差的值。

由于系统误差不可能完全准确知道，只能用有限次测量的平均值减去被测量的约定真值得到当前条件下所识别的系统误差估计值。通常在给定地点，由测量标准所赋予的量值作为约定真值，可称为标准值。修正值在数值上等于系统误差估计值的绝对值，但符号与系统误差的符号相反。

测量结果的修正值 C 可用下式计算

$$C = X_S - \overline{X}$$

式中：C——测量结果的修正值；

$\quad X_S$——标准值；

$\quad \overline{X}$——算术平均值，即测量结果。

对计量器具的示值或标称值的修正值可用下面公式计算

$$C = -b = X_S - X$$

式中：C——示值或标称值的修正值；

$\quad b$——计量器具示值的系统误差估计值，称为偏移；

$\quad X_S$——校准值；

$\quad X$——被校计量器具的示值或标称值。

（6）测量仪器的最大允许误差。

测量仪器的最大允许误差又可称为测量仪器的允许误差极限，它是技术规范、规程等文件对测量仪器所规定的允许误差极限值。

最大允许误差是人为规定的。生产厂在制造某种测量仪器时，在其产品技术规范中规定不得超过的误差范围，当最终检验凡不超出此范围的均能出厂，并写在测量仪器的技术说明书中。因此它是对一种型号产品所规定的允许范围，不是某一台测量仪器实际存在的误差。

最大允许误差可以用绝对误差、相对误差、引用误差和分贝误差的形式表示。

1）标称值为 $500cm^3$ 的玻璃量瓶，说明书指出误差为 $\pm 0.50cm^3$，即玻璃瓶的容积可为 $499.50 \sim 500.50cm^3$。这种表示形式称为用绝对误差表示的允许误差极限。

2）标称值为 $1M\Omega$ 的电阻器，注明误差为 $\pm 1\%$，表明该电阻的允许误差上限为 $10k\Omega$，允许误差下限为 $-10k\Omega$，即电阻器的电阻值可为 $0.99 \sim 1.01M\Omega$。用绝对误差与示值之比的百分数表示的形式称为用相对误差表示的允许误差极限。

3）某些允许误差极限用绝对误差与特定值之比的百分数表示，称为引用误差。通常用量程的上限值（或满刻度值）作为特定值。例如，一台测量范围为 $0 \sim 150V$ 的电压表，说明书指明其引用误差为 $\pm 2\%$，其量程的上限为 $150V$，因此测量范围内任意示值的允许误差极限为 $\pm 150V \times 2\% = \pm 3V$。当用该电压表测量 $100V$ 电压时，允许范围为 $97 \sim 103V$。常用电工仪表分为七级：0.1、0.2、0.5、1.0、1.5、2.5、5.0，分别表示它们的引用误差不超过的百分比，如 0.5 级电表即允许的引用误差极限为 $\pm 0.5\%$。

4）有些测量仪器的允许误差极限是用绝对误差和相对误差共同表示的。例如，脉冲信号发生器输出的脉冲宽度 τ 为 $0.1 \sim 10\mu s$，其允许误差极限为 $\pm \tau \times 10\% \pm 0.025\mu s$。用相对误差形式表示随量值大小而变化的部分，用绝对误差形式表示不随量值大小而变化的部分。

5）在无线电、声学计量中常用分贝误差表示相对误差。分贝误差实际上是相对误差的对数表示形式。

电压分贝误差 ΔA_V 为

$$\Delta A_V = 20\lg\left(1 + \frac{\Delta V}{V}\right) \approx 8.69\frac{\Delta V}{V}$$

$$\frac{\Delta V}{V} \approx 0.115\Delta A_V$$

功率分贝误差 ΔA_P 为

$$\Delta A_P = 10\lg\left(1 + \frac{\Delta P}{P}\right) \approx 4.34\frac{\Delta P}{P}$$

$$\frac{\Delta P}{P} \approx 0.23\Delta A_P$$

例如，某信号发生器输出电压的允许误差极限为 ± 0.34 dB，则输出电压的允许相对误差极限为 $\pm 3.9\%$。

2. 测量不确定度

定义：与测量结果相关联的参数，表征可合理赋予被测量的值的分散性。

测量不确定度是说明测量结果不可信程度的一个参数。由于测量的不完善和人们的认识不足，测量值是具有分散性的。每次测量的测量结果不是同一值，而是以一定概率分散在某个区域内的许多个值。虽然系统误差实际存在的是一个不变的误差值，但由于我们不能完全知道其值，而根据现有的认识认为它以某种概率分布存在于某个区间内，这种概率分布也具有分散性。测量不确定度就是说明测量值分散性的参数。

（1）标准不确定度。为了表征测量值的分散性，测量不确定度用标准偏差表示，称为标准不确定度，用 u 表示。标准不确定度有两类评定方法：

1）A 类评定，即用对观测列的统计分析进行不确定度评定的方法。根据测量数据，计算得到实验标准偏差，用实验标准偏差来表示测量不确定度。A 类评定的不确定度又称 A 类标准不确定度，用 u_A 表示。

2）B 类评定，即用不同于对观测列统计分析的其他方法进行不确定度评定的方法。用根据经验或其他信息估计的先验概率分布的标准偏差来表示测量不确定度。B 类评定的不确定度又称 B 类标准不确定度，用 u_B 表示。

（2）合成标准不确定度。测量不确定度通常由许多原因引起，因此一般由多个分量组成。由各标准不确定度分量合成得到的标准不确定度称为合成标准不确定度，用 u_C 表示。也可用 $u_c(X)/X$ 表示相对合成标准不确定度。

（3）测量不确定度与测量误差是不同的概念，两者的区别见表 1-6。

表 1-6　　　　　　　　　　　测量不确定度与测量误差的区别

区别	测 量 误 差	测 量 不 确 定 度
数值	是一个有正负号的量值，其值为测量结果减去被测量的真值	是一个无符号的参数值，用标准偏差或标准偏差的倍数表示该参数的值
性质	误差表明测量结果偏离真值	测量不确定度表明被测量值的分散性

区别	测量误差	测量不确定度
影响因素	误差是客观存在的，不以人的认识程度而改变	测量不确定度与人们对被测量和影响量及测量过程的认识有关
确定方法	由于真值未知，往往不能得到测量误差的值，当用约定值代替真值时可以得到测量误差的估计值	测量不确定度可以由人们根据实验、资料、经验等信息进行评定，从而可以确定测量不确定度的值
分类	测量误差按性质可分为随机误差和系统误差两类，随机误差和系统误差都是无穷多次测量时的理想概念	测量不确定度分量评定时一般不必区分其性质，若需要区分时应表述为"由随机影响引入的测量不确定度"和"由系统影响引入的测量不确定度"
能否修正	已知系统误差的估计值时，可以对测量结果进行修正，得到已修正的测量结果	不能用测量不确定度对测量结果进行修正，已修正的测量结果的测量不确定度中应考虑修正不完善引入的测量不确定度分量

3. 测量结果及其不确定度的表述方法

在报告基本常数、基本的计量学研究以及复现国际单位制单位的比对时，要用合成标准不确定度 u_C。除传统使用合成标准不确定度的地方以外，通常测量结果的不确定度都用扩展不确定度表示，尤其对工业、商业及涉及健康和安全方面的测量都用扩展标准不确定度。

测量结果及其合成标准不确定度的数值表述方式有以下三种：

（1）$m_s = 100.02147g$，$u_C = 0.35mg$。

（2）$m_s = 100.02147(35)g$，括号中是 u_C 的值，与测量结果的最后位数字相对应。

（3）$m_s = 100.02147(0.0035)g$，括号中是 u_C 的值，用所说明的结果的单位表示。

测量结果及其扩展不确定度的数值表述方式有以下三种：

（1）$m_s = 100.02147g$，$U = 0.00070g$（$k = 2$，$p = 95\%$）。

（2）$m_s = (100.02147 \pm 0.00070)g$ 其中 ± 后的数值为扩展不确定度 U，$U = ku_C$，$u_C = 0.35mg$，$k = 2$。

（3）$m_s = 100.02147g$，$U = 0.00070g$ $[k = 2]$。[ ] 内的 $k = 2$ 可以省略，但 $k \neq 2$ 时不可省略。

注意：单独用数值表示 u_C 或 U 时，不要在数值前加正负号，因为 u_C 是标准偏差，U 是区间的半宽度。

 评价与分析

表 1-7 综合评价

项 目	自我评价（占总评10%）			小组评价（占总评30%）			教师评价（占总评60%）		
	9~10	6~8	1~5	9~10	6~8	1~5	9~10	6~8	1~5
收集信息									
规范书写									
回答问题									

项　目	自我评价（占总评10%）			小组评价（占总评30%）			教师评价（占总评60%）		
	9～10	6～8	1～5	9～10	6～8	1～5	9～10	6～8	1～5
学习主动性									
协作精神									
工作页质量									
纪律观念									
表达能力									
工作态度									
小　计									
总　评									

学习任务五　常用仪表基本构成及应用

- 任务目的

了解电子测量常用仪表的种类和特征；熟悉电子测量仪表的结构和原理；能够根据需要正确选择测量仪表；掌握常用电子仪器的养护方法。

- 任务要求

①了解电子测量常用仪表的种类和特征；②掌握电子测量仪器的选用技能；③掌握常用电子仪器的养护方法；④小组内合作情况

- 活动安排

（1）认识实训室内的电子测试仪表，并将所见到的和所想到的记录在表1-8中。

表1-8　　　　　　　　　　　　仪表观察记录

序号	照片	名称	主要参数	备注

（2）阅读教材等相关文献，并在老师指导下学习电子测量仪表的种类。

（3）拆解指针式测量仪表，熟悉其内部的结构，并能够分析其工作原理。将所拆解仪表的内部结构用简笔画记录下来。

（4）根据老师的要求，完成电流、电压、功率和电信号波形的测量，并说明所选择仪器的名称、参数和测量结果。

（5）掌握各种仪表的养护方法，对实训室内的仪器仪表进行一次全面保养维护，将检测到的故障和问题记录下来。

（6）任务总结，根据 6S 标准清理现场。

- 补充知识点

1. 电子测量指示仪表简介

在工程实际的自动控制系统中，通常是根据被控制对象的各种电信号来对其实施自动控制的。因此，电信号测量是进行电路、电子实训时一个必不可少的重要内容。电信号测量就是借助各种电工电子仪器仪表，应用科学的测量技术对电路中的电流、电压、功率及电能等物理量进行测量。例如，利用信号发生器提供实训所需的各种信号，利用示波器观察电压波形等。本节主要介绍几种常用电工电子仪器仪表的基本工作原理及使用方法。

（1）电工电子测量仪表分类。

电工电子仪表的种类繁多，分类方法也互不相同。按照电工电子仪表的结构和用途常可分为三种。

1）指示式仪表。电工测量仪表中，凡利用电磁力使其机械部分动作，并用指针或光标在刻度盘上指示出被测量值大小的就称做指示式仪表。指示式仪表直接从仪表指示的读数来确定被测量的大小，这是应用最广泛的一种电测量仪表。各种交直流电流表、电压表以及万用表等都是指示式仪表。

2）比较式仪表。比较式仪器是将被测量与相应的标准量进行比较的仪表。需在测量过程中将被测量与某一标准量比较后才能确定其大小，如各类电桥、电位差计等。其特点是灵敏度和准确度都很高，一般用于高精度测量或校对指示仪表。

3）其他测量仪表。其他常见的测量仪表还有数字式仪表、记录式仪表及用来扩大仪表量程装置的仪表，如分流器、测量用互感器等。下面只介绍指示式仪表。

（2）指示式仪表的分类。

在电信号测量领域中，指示式仪表的种类最多，具体分类方式为：

1）按内部测量机构的结构和工作原理分，有磁电系、电磁系、电动系、感应系、静电系等类型。

2）按被测电量的性质分，有电流表、电压表、功率表、电能表、欧姆表、相位表以及其他多用途的仪表，如万用表等。

3）按被测量的种类分有直流仪表、交流仪表和交直流两用仪表。

4）按仪表取得读数的方法分有指针式、数字式和记录式等。

5）按准确度等级分有 0.1、0.2、0.5、1.0、1.5、2.5 和 5.0 七级。一般 0.1 级和 0.2 级仪表用做标准仪表；0.5 级至 1.5 级的仪表用于实训时的电信号测量；1.5 级至 5.0 级仪表用于工程测量。

6）按使用方式及使用条件分可分为安装式仪表和可携式仪表，有 A、A1、B、B1 与 C 共五组。

7）按防御外界磁场或电场的性能分有 Ⅰ、Ⅱ、Ⅲ、Ⅳ 四个等级。

8）按外壳防护性能分，可分为普通式、防尘式、防溅式、防水式、水密式、气密式、隔爆式等七种。

以上介绍的指示式仪表分类方法，从不同角度反映了指示仪表的各种技术性能。在指示仪表的表面标度盘上，通常都标有一些标志符号来表明有关的技术性能。常见的表面符号及含义见表1-9。

表1-9 　　　　　　　　　　　　　电工测量仪表表面符号及含义

仪表名称	被测量	符号	测量单位
电流表	电流	A、mA、μA	安、毫安、微安
电压表	电压	mV、V、kV	毫伏、伏、千伏
功率表	功率	W、kW	瓦、千瓦
欧姆表	电阻	Ω、MΩ	欧、兆欧
电能表	电能	kW·h	千瓦时

表1-10为常见仪表面板上的标志。

2. 电工测量仪表的选择与使用

(1) 仪表选择。

1) 类型选择。除了根据用途选择仪表的种类外，还应根据使用环境和测量条件选择仪表的型式。例如，配电盘、开关板上仪表板所用仪表等采用垂直安装方式，而实训室大多选用水平放置方式。

2) 准确度选择。在使用仪表时，必须合理地选择仪表的准确度。虽然测量仪表的准确度越高越好，但不要盲目追求高准确度。对一般测量来说，不必使用高准确度的仪表。因为仪表准确度越高价格也越贵，从而使设备成本增加，这是不经济的。而且准确度越高的仪表使用时的工作条件要求也越高，如要求恒温、恒湿、无尘等，在不满足工作条件的情况下，测量结果反而不准确，这是不可取的。另一方面，也不应使用准确度过低的仪表而造成测量数据误差太大。因此仪表的准确度等级要根据实际需要确定。

3) 量程选择。仪表量程的选择应根据测量值的可能范围确定。被测量值范围较小要选用较小的量程，这样可以得到较高的准确度。如果选用太大的量程，测量结果误差就较大。下面举一个例子说明选择合适量程的重要性。

有两只毫安表，量程分别为 $I_{1m}=200\text{mA}$ 和 $I_{2m}=50\text{mA}$，两表准确度等级均为1.0级。用这两只毫安表来测量40mA的电流，则测量结果中可能出现的最大相对误差。

对于量程为200mA的毫安表，可能产生的最大绝对误差为

$$\Delta I_{1m}=\pm1.0\%\times200\text{mA}=\pm2.0\text{mA}$$

因此，测量40mA电流可能产生的最大相对误差为

$$\gamma_{1max}=\frac{\pm2.0}{40}\times100\%=\pm5.0\%$$

对于量程为50mA的毫安表，可能产生的最大绝对误差为

$$\Delta I_{2m}=\pm1.0\%\times50\text{mA}=\pm0.5\text{mA}$$

因此，测量40mA电流可能产生的最大相对误差为

表 1-10 　　　　　　　　　　　　常见仪表面板上标志所表示的含义

符号	名称	符号	名称
测量单位的符号		**电流种类及不同额定值标注的符号**	
A	安	─	直流
mA	毫安	∼	交流（单相）
μA	微安	≃	直流和交流
kV	千伏	≋	三相交流
V	伏	**准确度等级的符号**	
mV	毫伏	1.5	以标度尺量限百分数表示的准确度等级，例如1.5级
kW	千瓦		
W	瓦		
kvar	千乏	∨1.5	以标度尺长度百分数表示的准确度等级，例如1.5级
var	乏		
kHz	千赫	**准确度等级符号**	
Hz	赫	(1.5)	以指示值的百分数表示的准确度等级，例如1.5级
MΩ	兆欧		
kΩ	千欧	**工作位置的符号**	
Ω	欧	⊥	标度尺位置为垂直的
cosφ	功率因数		
电表工作原理的符号		⊓	标度尺位置为水平的
磁电系仪表	磁电系仪表	**工作位置的符号**	
电磁系仪表	电磁系仪表	∠60°	标度尺位置与水平面倾斜成角度，例如60°
电动系仪表	电动系仪表		
绝缘强度的符号		**电表按外界条件分组的符号**	
☆0	不进行绝缘强度试验	Ⅰ级防外磁场（例如磁电系）	Ⅰ级防外磁场（例如磁电系）
☆	绝缘强度试验电压为500V	Ⅰ级防外电场（例如静电系）	Ⅰ级防外电场（例如静电系）
☆2	绝缘强度试验电压为2kV	Ⅱ　Ⅱ	Ⅱ级防外磁场及电场
端钮、转换开关、调零器和止动器的符号		Ⅲ　Ⅲ	Ⅲ级防外磁场及电场
＋	正端钮	Ⅳ　Ⅳ	Ⅳ级防外磁场及电场
─	负端钮	不标注	A级仪表（工作环境温度为0～+40℃）
＊	公共端钮（多量限仪表和复用电表）	B	B组仪表（工作环境温度为-20～+50℃）
∼	交流端钮		
⏚	接地用端钮（螺钉或螺杆）	C	C组仪表（工作环境温度为-40～+60℃）
⌒	接地用端钮（螺钉或螺杆）		
↑	调零器		
止	止动器		
↑	止动方向		

17

$$\gamma_{2\max}=\frac{\pm 0.5}{40}\times 100\%=\pm 1.25\%$$

由以上计算可以看出，用 200mA 的毫安表测 40mA 电流比用 50mA 的毫安表所测得的结果具有更大的最大相对误差，即量程选择对测量结果的准确度有很大影响。

对于同一只仪表，被测量值越小，其测量时准确性就越低。例如，在正常情况下用 0.5 级量程为 10A 的电流表来测量 8A 电流时，可能产生的最大相对误差为

$$\gamma_{3\max}=\frac{\pm 0.5\%\times 10}{8\times 100}\times 100\%=\pm 0.625\%$$

而用它来测量 1A 电流时，则可能产生的最大相对误差为

$$\gamma_{4\max}=\frac{\pm 0.5\%\times 10}{1\times 100}\times 100\%=\pm 5\%$$

由此可见，对于一只确定的仪表，测量值越小，其测量时准确性越低。因此在选择量程时，应尽量使被测量的值接近于满标值。另一方面，也要防止测量值超出满标值而使仪表受损。因此可取被测量值为满标值的 2/3 左右。最少也应使被测量值超过满标值的一半。当被测电流大小无法估计时，可用多量程仪表先置于大量程，然后根据仪表的指示调整量程，使其达到合适的量程。

4）仪表内阻。当仪表接入被测电路后，仪表线圈电阻会影响原有电路的参数和工作状态，并影响测量的准确性。例如，电流表是串联接入被测电路的，仪表内阻增加了电路的阻值，也就相应地减小了原电路的电流，这势必影响测量结果，所以要求电流表内阻越小越好。量程越大，内阻应越小。再如，电压表是并联接入被测电路的，它的内阻减小了电路的阻值，使被测电路两端的电压发生变化，影响测量结果，所以电压表内阻越大越好。量程越大，内阻应越大。采样式数字电压表具有极高的内阻，对被测电路电压影响很小。

2. 指针式仪表测量中应该注意的一般问题

1）刻度。各种指针式仪表，不论是磁电式、电磁式还是电动式仪表，都采用面板刻度方式显示读数。根据不同的测量原理，面板上的刻度有的是均匀的，有的是不均匀的。例如，磁电式仪表指针的偏转角 $\alpha=RI$，（R 为仪表结构常数），即与电流的大小成正比，面板上的刻度是均匀的；而电磁式仪表指针的偏转角 $\alpha=RI^2$，即与电流的平方成正比，在同一量程内，起始段电流越小，刻度越密，后面电流越大，刻度越稀。再如，电动式仪表，它有两个线圈，若是用于测量电流或电压，由于指针的偏转角度 α 与通过两线圈的电流的乘积成正比，则面板刻度一定与上例一样是非线性的；若用于测量功率，而功率 $P=UI$（对于交流来说 $P=UI\cos\Phi$），这时一个线圈通电压，一个线圈通电流，从而使指针偏转角度 α 与功率 P 成正比，因此面板上功率刻度是线性均匀的。为了使面板显示清晰，非均匀刻度在起始段无刻度（0 点除外），只在某一量值之上才开始标出数值。

2）量程。仪表的量程是指该仪表允许测量的最大值，因此应根据被测量的数值选用合适的量程。实训室用仪表大多是多量程仪表，常有好几个接线端钮，而指示面板刻度通

常只有一条基本量程刻度，故测量中要注意量程的选择应与对应的接线端钮相一致，并应根据选定的量程把读得的指示值再乘以选定量程与基本量程之间的倍率 K [K＝选定量程值（允许测量最大值）／指示量程值（最大刻度值）]，才是实际测量值。量程的选择应根据被测值的大小选定。如果被测值的大小无法估计，应用量程最大端钮预测，然后根据预测值选择适当的量程。

3）仪表的机械零位校正。大多数指针式仪表设有机械零位校正，校正器的位置通常装设在指针转轴对应的外壳上，当线圈中无电流时，指针应指在零的位置。如果指针在不通电时不在零位，应当调整校正器旋钮使指针指向零点。仪表在校正前要注意仪表的放置位置必须与该表规定的位置相符。如规定位置是水平放置，则不能垂直或倾斜放置，否则仪表指针可能不是指向零位，这不属于零位误差。只有在放置正确的前提下再确定是需要调零，并且保证在全部测量过程中仪表都放置在正确位置，以保证读数的正确性。

4）连接。测量仪表接入电路时，应以尽量减少对原有电路的影响为原则。例如，测量电压时，若电路电阻较大，则应用高内阻电压表。若电压表已确定，则在保证允许误差的前提下选用较大的量程。相反，对于电流测量，若电路电阻很小，则应选用低内阻电流表。这在电路电阻与仪表内阻二者可以相比较时（如处于同一数量级或只差一个数量级）显得特别重要，以便减少仪表接入误差。仪表与被测量连接至少有两个端钮，每个端钮均应正确连接。测量直流量时必须把正、负端分辨清楚，"＋"端与电路正极性端相连接，"－"端与电路负极性端相连接，不能反接，以防反偏而打坏指针；测量交流量时，应注意电路的相线和零线，从保证仪表和人身的安全角度考虑连接方式。虽然从原理上说一般无极性要求，有时考虑到屏蔽和安全需要，通常把仪表黑端钮（公共端或用"＊"表示端）与电路中性端（或地端）相连，而把红端钮（用～或≅表示端）与电路相线端相连。

5）仪表的读数方法。读取仪表的示值应在指针指示稳定时进行，如果指示始终不能稳定，则应检查原因，并消除不稳定因素。若因电路原因造成指针振荡性指示，一般可以读取其平均值，若测量需要，应把其振幅量读出（即读出指针摆动范围）。为了得到正确的读数，在精度较高的仪表面板上设立了一个读数镜面，读数时应使视线置于实指针和镜中虚指针相重合的位置再读指示值，以保证读数的正确性，减少读数误差。

6）仪表的维护。各种仪表应在规定的正常工作条件下使用，即要求仪表的放置位置正常，周围温度为 20℃，无外界电场和磁场（地磁场除外）的影响，用于工频的仪表，电源频率应该是 50Hz 的正弦波。另外还应满足仪表本身规定的特殊条件，如恒温、防尘、防震等，以保证测量的准确度。

仪表在使用前应检查，注意端钮是否开裂、短接片是否可靠连接、外引线有无开断、指针有无卡涩现象等。仪表应定期进行准确度校验，保证其测量性能。仪表不使用时，应在断电条件下存放。表内有电池时应将电池取出，防止电池漏液腐蚀机芯。精度越高的仪表，对存放环境条件的要求也越高。

3. 常用电子仪器选择与使用

（1）常用的电子仪器。

在实训实践中，测试电参数及分析电子电路的静态和动态工作情况时，常用的电子仪器有直流稳压电源、示波器、低频信号发生器、晶体管毫伏表、数字式或指针式万用表、晶体管特性分析仪等。

1）直流稳压电源是把交流电源转换成直流电源的装置，在实训中可为电子电路提供工作电源。

2）示波器可用来观察电路中各测试点的波形，监测电路的工作情况，也可用于测量小信号的周期、幅值、相位差及观察电路的特性曲线等。

3）低频信号发生器（或函数信号发生器）为测量电路提供各种频率、幅度、及波形的输入信号。

4）晶体管毫伏表用于测量电路的输入、输出信号的有效值。

5）数字式或指针式万用表一般用于测量电路的静态工作点和直流信号。

6）晶体管特性分析仪用于对晶体管的特性及参数进行测量。

（2）电子仪器的选择及使用注意事项

1）仪器的选择。测量时，合理选择电子测量仪器，是保证测量结果正确的重要前提条件。因此，仪器的选择是实践测量的重要环节，要做好这一环节，应注意以下几方面。

①充分了解电子仪器的性能。作为测量工具，选择时应全面、深入地了解和掌握各种仪器的功能、技术性能、基本原理及其使用方法，以使测量顺利进行并保证测量结果的正确。

②环境对仪器的影响。任何仪器在使用过程中，对环境条件都有一定的要求。大部分的电子仪器，特别是灵敏度和精确度较高的仪器，受环境温度、湿度及电磁场的干扰影响很大。根据被测信号的特点及测量的要求，创造良好的测试环境，以免影响测试结果。

③根据测试要求选择测试仪器。能够完成同一参数测试的仪器类型可能有多种选择（如测量交流电压可以选用晶体管毫伏表、万用表、示波器等），不同的仪器，其测量的精度和方法不同，应以满足测试要求，简洁、方便为标准来选择测量仪器。

2）电子仪器使用注意事项。使用电子测量仪器时，应严格遵循仪器的操作方法、步骤及操作中应该注意的问题。非法操作和使用仪器，都有可能导致测量误差增大或使被测电路、元器件及电子测量仪器损坏。因此，在使用仪器的过程中，应注意以下几方面的问题。

①接通电源前，应仔细检查仪器的开关、旋钮、接线插头等是否接好，是否存在故障，以防止短路、开路或接触不良等人为故障。为了确保人身和仪器的安全，仪器的电源插头连接线等绝缘层应完好无损，接地要良好。

②接通电源后，不能敲打仪器机壳，不能用力拖动。如要移动仪器设备，应首先切断电源，然后轻轻移动。测试结束后，应先关断电源，确保安全时再拆除电路。

③使用仪器时，应注意仪器适用电压范围与电网电压是否吻合，同时应注意电网电压的波动。盲目地使用会导致仪器不能正常工作或损坏。

④在将仪器和电路连接成测试系统时，要注意系统的"共地"问题，同一系统中的所有仪器和电路的接地端需可靠地连接在一起。否则，就会引起外界干扰，导致测量误差增大。有时甚至会损坏仪器或电路，造成不必要的损失。

表 1 - 11　　　　　　　　　　　　　综合评价

项　目	自我评价（占总评 10%）			小组评价（占总评 30%）			教师评价（占总评 60%）		
	9～10	6～8	1～5	9～10	6～8	1～5	9～10	6～8	1～5
收集信息									
规范操作									
仪表正确选择									
回答问题									
学习主动性									
协作精神									
工作页质量									
纪律观念									
表达能力									
工作态度									
小　计									
总　评									

学习任务六　总结与评价

- 任务目的

通过对本模块电子测试课程内容的总结，加深对电子测试知识和技能的掌握。

- 任务要求

① 汇报材料质量；② 小组协作处理问题情况；③ 汇报表达能力。

- 活动安排

（1）以小组为单位进行活动，总结本课程的知识要点，完成文字总结。

（2）总结五个工作任务中的收获，制作 PPT 进行工作汇报。以小组为单位，每组制作一份 PPT，选出一名代表进行汇报，同时完成小组间互评和教师评价过程（见表 1－12）。本过程中，汇报以答辩的形式进行，所有听众可以进行提问。

表 1 - 12　　　　　　　　　　　　　总结评价

项　目	自我评价（占总评 10%）			小组评价（占总评 30%）			教师评价（占总评 60%）		
	9～10	6～8	1～5	9～10	6～8	1～5	9～10	6～8	1～5
PPT 质量									
汇报表达									
回答问题									

项　　目	自我评价（占总评 10%）			小组评价（占总评 30%）			教师评价（占总评 60%）		
	9～10	6～8	1～5	9～10	6～8	1～5	9～10	6～8	1～5
学习主动性									
协作精神									
纪律观念									
工作态度									
小　　计									
总　　评									

（3）教师总结，指出整个教学过程中出现的问题，并提出改进方案。同时，针对各组、各同学在本课程过程中的表现进行评价。

模块二
模拟电路信号的测试技术

【任务描述】

在学习前一模块的基础上，学生在教师指导下，完成更深层次的电子测试技术的学习。接受老师安排的七项工作任务，分组独立完成电子测试相关仪表使用、电信号测量、电子元器件测试、晶体管放大电路制作和测试、音频功率放大电路制作和测试等内容。在制作和测量过程中加深对电子测试技术相关理论知识的学习，并能熟练地掌握电子测试相关仪器仪表的使用方法。

【知识目标】

（1）万用表、电压表的工作原理；
（2）示波器的波形测量原理；
（3）电子元器件的电气特性；
（4）晶体管放大电路的工作原理；
（5）音频功率放大电路的工作原理。

【技能目标】

（1）培养学生对电子技术的兴趣；
（2）掌握具体的电子测试的基本知识。

【工作流程】

在了解认识电子测试、电子测量基本理论的基础上深入学习，同时结合仪器仪表使用练习、元器件基本特性测量等具体实训活动，使学生掌握电子测试相关的主要理论知识和技术，并在整个过程中培养学生自主学习的能力和与人合作的团队精神，最终对学生进行综合评价，以提高其综合职业能力。

学习任务一　万用表的原理和使用方法

• 任务目的

认识指针万用表和数字万用表；掌握万用表的测量原理；掌握利用万用表测量电阻、电流、电容等元器件参数的方法。

• 任务要求

① 掌握两种万用表的组成结构；② 能够独立组装万用表；③ 能够理解万用表的测量原理；④ 正确测量操作能力。

• 活动安排

（1）接收万用表组装任务，领取套件，在老师指导下完成指针式万用表的组装工作，并按照六步法进行工作记录。

（2）结合课本资料和文献，总结指针万用表的组成，并分析工作原理。

（3）拆解数字万用表，熟悉内部结构，掌握其工作原理。通过对比分析，将其与指针万用表的不同记录下来。

（4）利用两种万用表测量电阻、电流、电容等元器件的参数，掌握其测量方法，并能正确记录结果。

（5）任务总结，现场整理，完成工作页和测量报告。

• 补充知识点

1. 指针式万用表

（1）使用万用表测量的一般方法和步骤。

1）根据被测量的类型（电压和电流等），将转换开关置于相应的位置，然后确定测量的量程。

2）测量电压、电流时，所选量程最好使指针偏转在量程1/2以上位置。

3）指针式万用表的测试表笔有正、负之分，测试电路的电量时，连接应正确，即红表笔接电路中电压的正极（标有"＋"号的位置），黑表笔接电路中电压的负极（标有"－"号的位置）。如果反接，则可能会导致表头指针反向偏转，严重时会损坏表头。

4）测量电压时，两表笔与被测电路测试部分并联相接；测量电流时，则与被测电路测试部分串联相接；测量电阻的阻值时，两表笔与电阻的两端相连；而测量晶体管、电容等的参数时，则应将其端子插入万用表面板上的指定插孔。在测量电阻值时，万用表在更换每一次量程时，应先调零（两表笔短接，调整调零旋钮，使指针指在零点），然后再测试。

5）万用表的表盘上有多条标度尺，读数时应根据被测电量，观看对应的标度尺，与量程挡联合读出正确的测量数值。

（2）使用时注意的问题。

1）将万用表接入电路前，应确保所选测量的类型及量程正确；误用电流挡、电阻挡测量电压极易造成万用表损坏。

2）用万用表测量高压时，不能用手触及表笔的金属部分，以免发生危险。

3）在电路中测量电阻的阻值时，应断电进行测量，否则会烧坏电表。

4）测量大电压、大电流时，不可带电拨动转换开关，以免烧坏万用表。

5）测量结束后，应将万用表的测量转换开关拨到交流电压最大量程挡，以免在下次使用时因粗心而造成仪表的损坏。

2. 数字式万用表

有时显示数字一直在一个范围内变化，则应取中间值。数字式万用表的用途与指针式万用表类似，它采用数字直接显示测量结果，读数具有直观性和惟一性。且体积小、测量精度高、应用十分广泛。

常用的数字万用表多为三位半显示，测量时输入极性自动切换，且具有单位、符号显示。数字式万用表在开始测量时，一般会出现跳数现象，应等待显示稳定后再读数。

（1）数字式万用表的使用方法与指针式万用表大致相似。

1）测量直流电压。将电源开关拨到"ON"，量程开关拨到"DCV"范围内的合适量程位置，测试的红表笔连接到"V·n"插孔，黑表笔与"COM"端子连接，测试并读取数值。直流电压挡一般不能超过1000V。

2）测量交流电压。将电源开关拨到"ON"，量程开关拨到"ACV"范围内的合适量程位置，表笔接法同上。测试时注意，被测电压的频率应在所用的数字万用表测量信号频率范围内（一般45～1000Hz）；在交流电压各挡，最大允许输入电压的交流有效值不能超过极限值（一般在750V左右）。

3）测量直流电流。将电源开关拨到"ON"，量程开关拨到"DCA"范围内的合适量程位置，红表笔插入"mA"插孔，黑表笔插入"COM"插孔，测试时注意，若被测电流超过"mA－COM"输入端口的测量范围，则应拨至"20mA/10A"挡，并将红表笔插入"10A"插孔。

4）测量交流电流。将电源开关拨到"ON"，量程开关拨到"ACA"范围内的合适量程位置，表笔接法同直流电流的测量相同。

5）电阻值的测量。打开电源开关，量程开关拨至"n"范围内的合适量程位置，红表笔插入"V·n"插孔，黑表笔插入"COM"插孔。请注意，不要测量电路中的带电电阻，以免损坏仪表。

6）二极管压降的测量。打开电源开关，量程开关拨至二极管挡，红表笔插入"V·n"插孔，外接二极管的正极；黑表笔插入"COM"插孔，外接二极管的负极。当测试电流在0.5～1.5mA时，锗管的正向电压降通常在0.15～0.30V，而硅管的正向电压降通常在0.55～0.70V。

7）晶体管的测量。根据被测晶体管的类型，将开关拨至"PNP"或"NPN"挡，打开电源开关，把晶体管的端子插入测量插口的对应孔内即可读数。

（2）指针式万用表和数字式万用表的使用不同之处。

指针式万用表和数字式万用表的使用方法大致相同，但由于其内部电路和显示方式不同，在具体的使用方面还存在着一些差异。就一般万用表而言，指针式万用表的测量精度通常为2～2.5级（2%～2.5%），数字式万用表的测量精度为1‰～25‰，当用万用表测量时，对测量精度要求较高的场合应选用数字式万用表。由于数字式万用表采用数字式显示，其读数直观且精确，指针式万用表的读数误差较大。

在测量过程中，指针式万用表的量程需在测量前由测量者预先选定，而数字式万用表的量程则能自动转换。同时数字式万用表在测量参数值超量程时能自动溢出，指针式万用表则会出现打表头现象。因此，当被测量参数值在测量前无法估计时，一般选用数字式万用表较为方便。

数字式万用表对被测信号采用的是瞬时采样工作方式，测量时抗干扰较差，而指针式万用表测量较为稳定，抗干扰能力较强，所以使用数字万用表测量时要求被测系统的共地较好。此外，对直流参数的测量数字式万用表不宜选用，因为直流工作状态下指针式万用表读数比数字式万用表准确。

就输入阻抗而言，数字式万用表比指针式万用表高很多。因此，数字式万用表更适用于高阻抗电路参数的测量。另外，一般指针式万用表测量电流的最大量程只有几百毫安，且无交流电流挡，因此测量交流电流或大电流时以选择数字万用表为好。

判别晶体管的好坏，选用指针式万用表较为方便；测量电阻阻值，选用数字式万用表则读数准确、使用更为方便。测量时，应视具体情况合理选用指针式或数字式万用表。

 **评价与分析**

表 2-1 综合评价

项 目	自我评价（占总评10%）			小组评价（占总评30%）			教师评价（占总评60%）		
	9～10	6～8	1～5	9～10	6～8	1～5	9～10	6～8	1～5
收集信息									
操作规范性									
回答问题									
学习主动性									
协作精神									
工作页质量									
纪律观念									
表达能力									
工作态度									
小 计									
总 评									

学习任务二 电压表的原理和使用方法

- 任务目的

拆解指针式毫伏表，熟悉其结构和工作原理；能够利用毫伏表改造不同量程的电压表

- 任务要求

① 电压测量规范性；② 电压表改装能力；③ 总结报告能力；④ 小组内合作情况。

• 活动安排

（1）接收任务，领取毫伏表，独立完成毫伏表的拆解，熟悉其组成结构和工作原理。并将拆解组装心得记录下来。

（2）以小组为单位汇报毫伏表的工作原理，并提出不同量程电压表的改装方案。将改装方案记录下来，并掌握电压表的各项参数。

（3）根据讨论得出的改装方案，进行电压表的改装，制作 10V 量程的电压表，并对几个标准电压（直流、交流）进行测试，完成电压表的校准工作。将电压表的测量结果记录下来。

（4）总结整理，完成现场的清理工作，并记录下本任务的工作心得。

• 补充知识点

1. AS2294D 型双通道交流毫伏表的结构特点及面板介绍

AS2294D 型双通道交流毫伏表由两组性能相同的集成电路及晶体管放大电路和表头指示电路组成，其表头采用同轴双指针式电表，可进行双路交流电压的同时测量和比较，给立体声双通道测量带来方便。该表测量电压范围为 $30\mu V \sim 300V$，共 13 挡；测量电压频率范围为 $5Hz \sim 2MHz$；测量电平范围 $-90dBV \sim +50dBV$ 和 $-90dBm \sim +52dBm$。

AS2294D 型双通道交流毫伏表前后面板如图 2-1 所示。

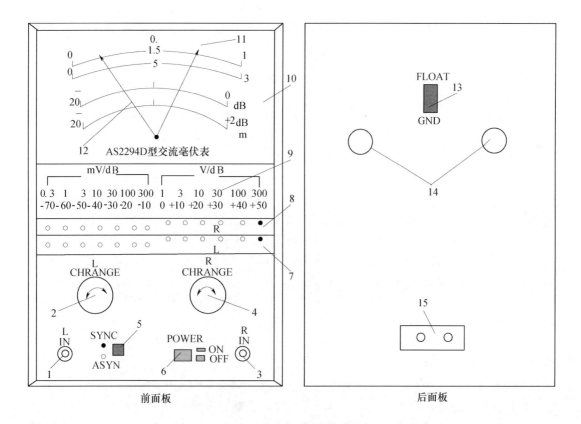

图 2-1　AS2294D 型交流毫伏表前后面板图

27

1——左通道（L IN）输入插座：输入被测交流电压。

2——左通道（L CHRANGE）量程调节旋钮（灰色）。

3——右通道（R IN）输入插座：输入被测交流电压。

4——右通道（R CHRANGE）量程调节旋钮（桔红色）。

5——"同步/异步"按键："SYNC"即桔红色灯亮，左右量程调节旋钮进入同步调整状态，旋转两个量程调节旋钮中的任意一个，另一个的量程也跟随同步改变；"ASYN"即绿灯亮，量程调节旋钮进入异步状态，转动量程调节旋钮，只改变相应通道的量程。

6——电源开关：按下，仪器电源接通（ON）；弹起，仪器电源被切断（OFF）。

7——左通道（L）量程指示灯（绿色）：绿色指示灯所亮位置对应的量程为该通道当前所选量程。

8——右通道（R）量程指示灯（桔红色）：桔红色指示灯所亮位置对应的量程为该通道当前所选量程。

9——电压/电平量程挡：共 13 挡，分别是 0.3mV/－70dB、1mV/－60dB、3mV/－50dB、10mV/－40dB、30mV/－30dB、100mV/－20dB、300mV/－10dB、1V/0dB、3V/＋10dB、10V/＋20dB、30V/＋30dB、100V/＋40dB、300V/＋50dB。

10——表刻度盘：共 4 条刻度线，由上到下分别是 0～1、0～3、－20～0dB、－20～＋2dBm。测量电压时，若所选量程是 10 的倍数，读数看 0～1 即第一条刻度线；若所选量程是 3 的倍数，读数看 0～3 即第二条刻度线。当前所选量程均指指针从 0 达到满刻度时的电压值，具体每一大格及每一小格所代表的电压值应根据所选量程确定。

11——红色指针：指示右通道（R IN）输入交流电压的有效值。

12——黑色指针：指示左通道（L IN）输入交流电压的有效值。

13——FLOAT（浮置）/GND（接地）开关。

14——信号输出插座。

15——220V 交流电源输入插座。

2. AS2294D 型双通道交流毫伏表使用注意事项

（1）测量时仪器应垂直放置，即仪器表面应垂直于桌面。

（2）所测交流电压中的直流分量不得大于 100V。

（3）测量 30V 以上电压时，应注意安全。

（4）接通电源及转换量程开关时，由于电容放电过程，指针有晃动现象，待指针稳定后方可读数。

（5）毫伏表属不平衡式仪表且灵敏度很高，测量时黑夹子必须牢固接被测电路的"公共地"，与其他仪器连用时还应正确"共地"，红夹子接测试点。接拆电路时注意顺序，测试时先接黑夹子，后接红夹子，测量完毕，应先拆红夹子，后拆黑夹子。

（6）仪器应避免剧烈振动，周围不应有高热及强磁场干扰。

（7）仪器面板上的开关不应剧烈、频繁扳动，以免造成人为损坏。

评价与分析

表 2－2   综合评价

项　　目	自我评价（占总评10%）			小组评价（占总评30%）			教师评价（占总评60%）		
	9～10	6～8	1～5	9～10	6～8	1～5	9～10	6～8	1～5
收集信息									
设计改造能力									
回答问题									
学习主动性									
协作精神									
工作页质量									
纪律观念									
表达能力									
工作态度									
小　　计									
总　　评									

学习任务三　示波器的原理和使用方法

• 任务目的

了解示波器测量波形的工作原理；熟练掌握模拟示波器和数字示波器的使用技能；了解数字示波器的优点和新功能

• 任务要求

①工作原理的理论掌握程度；②示波器的使用操作能力；③小组内合作情况

• 活动安排

（1）认识模拟示波器，熟悉各按钮的功能作用，能够完成示波器初始工作状态的校准，并将各按钮功能进行记录总结。

（2）利用模拟示波器进行标准波形的测量，记录下测量结果，利用绘图纸进行绘制。

（3）参照数字示波器使用说明书，认识数字示波器的各按钮功能，并熟悉液晶面板显示各符号的含义，将常用功能记录下来。

（4）利用数字示波器对波形进行测量，认识其自动校正功能，并查阅文献，了解数字示波器的各项扩展功能，做好记录。

（5）任务总结，完成现场整理工作，并做好记录。

• 补充知识点

1. 模拟示波器

（1）MOS－620/640 双踪示波器前面板简介。

MOS－620/640 双踪示波器的调节旋钮、开关、按键及连接器等都位于前面板上，如图 2－2 所示，其作用如下。

1）示波管操作部分。

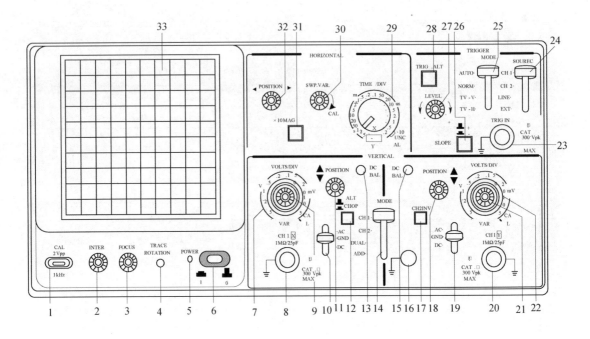

图 2-2　MOS-620/640 双踪示波器前面板

6——"POWER"：主电源开关及指示灯。按下此开关，其左侧指示灯 5 亮，表明电源已接通。

2——"INTER"：亮度调节旋钮。调节轨迹或光点的亮度。

3——"FOCUS"：聚焦调节旋钮。调节轨迹或光点的聚焦。

4——"TRACE ROTATION"：轨迹旋转。调整水平轨迹与刻度线相平行。

33——显示屏。显示信号的波形。

2）垂直轴操作部分。

7、22——"VOLTS/DIV"：垂直衰减旋钮。调节垂直偏转灵敏度，从 5mV/div～5V/div，共 10 个挡位。

8——"CH1X"：通道 1 被测信号输入连接器。在 X－Y 模式下，作为 X 轴输入端。

20——"CH1Y"：通道 2 被测信号输入连接器。在 X－Y 模式下，作为 Y 轴输入端。

9、21——"VAR"：垂直灵敏度旋钮。微调灵敏度大于或等于 1/2.5 标示值。在校正（CAL）位置时，灵敏度校正为标示值。

10、19——"AC－GND－DC"：垂直系统输入耦合开关。选择被测信号进入垂直通道的耦合方式。"AC"：交流耦合；"DC"：直流耦合；"GND"：接地。

11、18——"POSITION"：垂直位置调节旋钮。调节显示波形在荧光屏上的垂直位置。

12——"ALT" / "CHOP"：交替/断续选择按键。双踪显示时，放开此键（ALT），通道 1 与通道 2 的信号交替显示，适用于观测频率较高的信号波形；按下此键（CHOP），通道 1 与通道 2 的信号同时断续显示，适用于观测频率较低的信号波形。

13、15——"DC BAL"：CH1、CH2 通道直流平衡调节旋钮。垂直系统输入耦合开关在 GND 时，在 5～10mV 反复转动垂直衰减开关，调整 "DC BAL" 使光迹保持在零水平线上不移动。

14——"VERTICAL MODE"：垂直系统工作模式开关。CH1：通道 1 单独显示；CH2：通道 2 单独显示；DUAL：两个通道同时显示；ADD：显示通道 1 与通道 2 信号的代数或代数差（按下通道 2 的信号反向键 "CH2 INV" 时）。

17——"CH2 INV"：通道 2 信号反向按键。按下此键，通道 2 及其触发信号同时反向。

3）触发操作部分。

23——"TRIG IN"：外触发输入端子。用于输入外部触发信号。当使用该功能时，"SOURCE" 开关应设置在 EXT 位置。

24——"SOURCE"：触发源选择开关。"CH1"：当垂直系统工作模式开关 14 设定在 DUAL 或 ADD 时，选择通道 1 作为内部触发信号源；"CH2"：当垂直系统工作模式开关 14 设定在 DUAL 或 ADD 时，选择通道 2 作为内部触发信号源；"LINE"：选择交流电源作为触发信号源；"EXT"：选择 "TRIG IN" 端子输入的外部信号作为触发信号源。

25——"TRIGGER MODE"：触发方式选择开关。"AUTO"（自动）：当没有触发信号输入时，扫描处在自由模式下；"NORM"（常态）：当没有触发信号输入时，踪迹处在待命状态并不显示；"TV－V"（电视场）：当想要观察一场的电视信号时；"TV－H"（电视行）：当想要观察一行的电视信号时。

26——"SLOPE"：触发极性选择按键。释放为 "＋"，上升沿触发；按下为 "－"，下降沿触发。

27——"LEVEL"：触发电平调节旋钮。显示一个同步的稳定波形，并设定一个波形的起始点。向 "＋" 旋转触发电平向上移，向 "－" 旋转触发电平向下移。

28——"TRIG. ALT"：当垂直系统工作模式开关 14 设定在 DUAL 或 ADD，且触发源选择开关 24 选 CH1 或 CH2 时，按下此键，示波器会交替选择 CH1 和 CH2 作为内部触发信号源。

4）水平轴操作部分。

29——"TIME/DIV"：水平扫描速度旋钮。扫描速度从 $0.2\mu s/div$～$0.5s/div$ 共 20 挡。当设置到 X－Y 位置时，示波器可工作在 X－Y 方式。

30——"SWP VAR"：水平扫描微调旋钮。微调水平扫描时间，使扫描时间被校正到于面板上 "TIME/DIV" 指示值一致。顺时针转到底为校正（CAL）位置。

31——"×10 MAG"：扫描扩展开关。按下时扫描速度扩展 10 倍。

32——"POSITION"：水平位置调节旋钮。调节显示波形在荧光屏上的水平位置。

5）其他操作部分。

1——"CAL"：示波器校正信号输出端。提供幅度为 2Vpp，频率为 1kHz 的方波信号，用于校正 10∶1 探头的补偿电容器和检测示波器垂直与水平偏转因数等。

16——"GND"：示波器机箱的接地端子。

（2）模拟示波器的正确调整。

模拟示波器的调整和使用方法基本相同，现以 MOS－620/640 双踪示波器为例介绍如下。

1）聚焦和辉度的调整。调整聚焦旋钮使扫描线尽可能细，以提高测量精度。扫描线亮度（辉度）应适当，过亮不仅会降低示波器的使用寿命，而且也会影响聚焦特性。

2）正确选择触发源和触发方式。

触发源的选择：如果观测的是单通道信号，就应选择该通道信号作为触发源；如果同时观测两个时间相关的信号，则应选择信号周期长的通道作为触发源。

触发方式的选择：首次观测被测信号时，触发方式应设置于"AUTO"，待观测到稳定信号后，调好其他设置，最后将触发方式开关置于"NORM"，以提高触发的灵敏度。当观测直流信号或小信号时，必须采用"AUTO"触发方式。

3）正确选择输入耦合方式。根据被观测信号的性质来选择正确的输入耦合方式。一般情况下，被观测的信号为直流或脉冲信号时，应选择"DC"耦合方式；被观测的信号为交流时，应选择"AC"耦合方式。

4）合理调整扫描速度。调节扫描速度旋钮，可以改变荧光屏上显示波形的个数。提高扫描速度，显示的波形少；降低扫描速度，显示的波形多。测量时显示的波形不应过多，以保证时间测量的精度。

5）波形位置和几何尺寸的调整。观测信号时，波形应尽可能处于荧光屏的中心位置，以获得较好的测量线性。正确调整垂直衰减旋钮，尽可能使波形幅度占一半以上，以提高电压测量的精度。

6）合理操作双通道。

将垂直工作方式开关设置到"DUAL"，两个通道的波形可以同时显示。为了观察到稳定的波形，可以通过"ALT/CHOP"（交替/断续）开关控制波形的显示。按下"ALT/CHOP"开关（置于 CHOP），两个通道的信号断续的显示在荧光屏上，此设定适用于观测频率较高的信号；释放"ALT/CHOP"开关（置于 ALT），两个通道的信号交替的显示在荧光屏上，此设定适用于观测频率较低的信号。

在双通道显示时，还必须正确选择触发源。当 CH1、CH2 信号同步时，选择任意通道作为触发源，两个波形都能稳定显示；当 CH1、CH2 信号在时间上不相关时，应按下"TRIG. ALT"（触发交替）开关，此时每一个扫描周期，触发信号交替一次，因而两个通道的波形都会稳定显示。

值得注意的是，双通道显示时，不能同时按下"CHOP"和"TRIG ALT"开关，因为"CHOP"信号成为触发信号而不能同步显示。利用双通道进行相位和时间对比测量时，两个通道必须采用同一同步信号触发。

7）触发电平调整。调整触发电平旋钮可以改变扫描电路预置的阀门电平。向"＋"方向旋转时，阀门电平向正方向移动；向"－"方向旋转时，阀门电平向负方向移动；处在中间位置时，阀门电平设定在信号的平均值上。触发电平过正或过负，均不会产生扫描信号。因此，触发电平旋钮通常应保持在中间位置。

2. 数字示波器

数字示波器不仅具有多重波形显示、分析和数学运算功能，波形设置、和 CSV 位图文件存储功能，自动光标跟踪测量功能，波形录制和回放功能等，还支持即插即用 USB存储设备和打印机，并可通过 USB 存储设备进行软件升级等。

数字示波器前面板各通道标志、旋钮和按键的位置及操作方法与模拟示波器类似。现以 DS1000 系列数字示波器为例予以说明。

(1) DS1000 系列数字示波器前操作面板简介。

1) DS1000 系列数字示波器的前操作面板如图 2-3 所示。按功能前面板可分为 8 大区，即液晶显示区、功能菜单操作区、常用菜单区、执行按键区、垂直控制区、水平控制区、触发控制区、信号输入/输出区。

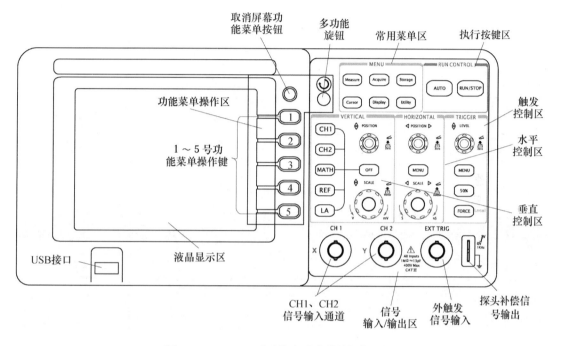

图 2-3 DS1000 系列数字示波器前操作面板

2) 功能菜单操作区有 5 个按键、1 个多功能旋钮和 1 个按钮。5 个按键用于操作屏幕右侧的功能菜单及子菜单；多功能旋钮用于选择和确认功能菜单中下拉菜单的选项等；按钮用于取消屏幕上显示的功能菜单。

3) 常用菜单区如图 2-4 所示。按下任一按键，屏幕右侧会出现相应的功能菜单。通过功能菜单操作区的 5 个按键可选定功能菜单的选项。功能菜单选项中有 "?" 符号的，表明该选项有下拉菜单。下拉菜单打开后，可转动多功能旋钮选择相应的项目并按下予以确认。功能菜单上有 "↑"、"↓" 符号，表明功能菜单一页未显示完，可操作按键上下翻页。功能菜单中有 "∪"，表明该项参数可转动多功能旋钮进行设置调整。按下取消功能菜单按钮，显示屏上的功能菜单立即消失。

4) 执行按键区有 "AUTO"（自动设置）和 "RUN/STOP"（运行/停止）两个按键。按下 "AUTO" 按键，示波器将根据输入的信号自动设置和调整垂直、水平及触发方式等各项控制值，使波形显示达到最佳适宜观察状态，如果需要，还可进一步手动调整。按 "AUTO" 键后，菜单显示及功能如图 2-5 所示。"RUN/STOP" 键为波形采样运行/停止按键。运行（波形采样）状态时，按键为黄色。按一下按键，停止波形采样且按键变为红色，有利于绘制波形并可在一定范围内调整波形的垂直衰减和水平时基，再按一下，恢复波形采样状态。注意：应用自动设置功能时，要求被测信号的频率大于或等于50Hz，占空比大于1%。

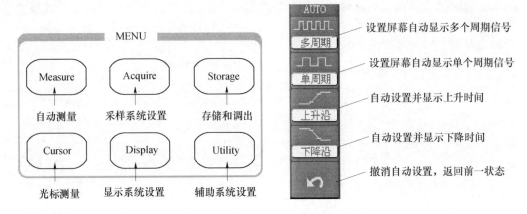

图2-4 前面板常用菜单区　　　　　　　图2-5 AUTO按键功能菜单

5）垂直控制区如图2-6所示。垂直位置旋钮可设置所选通道波形的垂直显示位置。转动该旋钮不但显示的波形会上下移动，且所选通道的"地"（GND）标识也会随波形上下移动并显示于屏幕左状态栏，移动值则显示于屏幕左下方。按下垂直位置旋钮，垂直显示位置快速恢复到零点（即显示屏水平中心位置）处。垂直衰减旋钮调整所选通道波形的显示幅度。转动该旋钮改变"Volt/div（伏/格）"垂直挡位，同时状态栏对应通道显示的幅值也会发生变化。"CH1"、"CH2"、"MATH"、"REF"为通道或方式按键，按下某按键屏幕将显示其功能菜单、标志、波形和挡位状态等信息。"OFF"键用于关闭当前选择的通道。

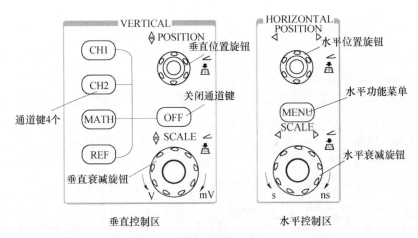

图2-6 垂直水平控制区

6）水平控制区如图2-6所示，主要用于设置水平位置。水平位置旋钮调整信号波形在显示屏上的水平位置，转动该旋钮不但波形随旋钮而水平移动，且触发位移标志"T"

也在显示屏上部随之移动，移动值则显示在屏幕左下角。按下此旋钮触发位移恢复到水平零点（即显示屏垂直中心线置）处。水平衰减旋钮改变水平时基挡位设置，转动该旋钮改变"s/div（秒/格）"水平挡位，状态栏显示的主时基值也会发生相应的变化。水平扫描速度从 20ns ～50s，以 1－2－5 的形式步进。按动水平衰减旋钮可快速打开或关闭延迟扫描功能。按水平功能菜单"MENU"键，显示 TIME 功能菜单，在此菜单下，可开启/关闭延迟扫描，切换 Y（电压）－T（时间）、X（电压）－Y（电压）和 ROLL（滚动）模式，设置水平触发位移复位等。

7）触发控制区如图 2－7 所示，主要用于触发系统的设置。转动触发电平调节旋钮，屏幕上会出现一条上下移动的水平黑色触发线及触发标志，且左下角和上状态栏最右端触发电平的数值也随之发生变化。停止转动触发电平调节旋钮，触发线、触发标志及左下角触发电平的数值会在约 5s 后消失。按下触发电平调节旋钮触发电平快速恢复到零点。按"MENU"键可调出触发功能菜单，改变触发设置。"50％"按钮用于设定触发电平在触发信号幅值的垂直中点。按"FORCE"键，强制产生一触发信号，主要用于触发方式中的"普通"和"单次"模式。

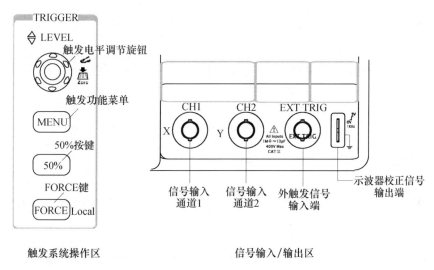

图 2－7 触发系统及信号区

8）信号输入/输出区如图 2－7 所示，"CH1"和"CH2"为信号输入通道，"EXT TREIG"为外触发信号输入端，最右侧为示波器校正信号输出端（输出频率 1kHz、幅值 3V 的方波信号）。

（2）DS1000 系列数字示波器显示界面说明。

DS1000 系列数字示波器显示界面如图 2－8 所示。它主要包括波形显示区和状态显示区。液晶屏边框线以内为波形显示区，用于显示信号波形，测量数据、水平位移、垂直位移和触发电平值等。位移值和触发电平值在转动旋钮时显示，停止转动 5s 后则消失。显示屏边框线以外为上、下、左 3 个状态显示区（栏）。下状态栏通道标志为黑底的是当前选定通道，操作示波器面板上的按键或旋钮只对当前选定通道有效，按下通道按键则可选定被按通道。状态显示区显示的标志位置及数值随面板相应按键或旋钮的操作而变化。

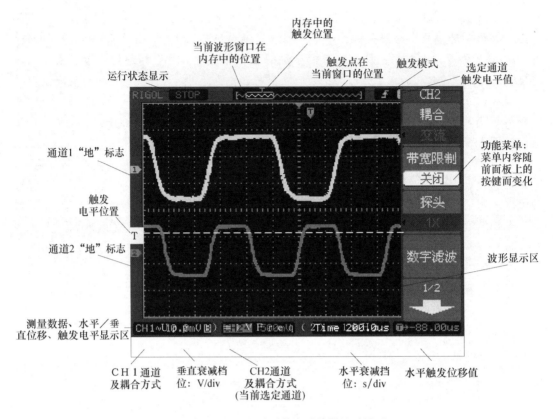

图 2-8 DS1000 系列数字示波器显示界面

（3）使用要领和注意事项。

1）以 CH1 通道为例介绍信号接入方法。

①将探头上的开关设定为 10X，将探头连接器上的插槽对准 CH1 插口并插入，然后向右旋转拧紧。

②设定示波器探头衰减系数。探头衰减系数改变仪器的垂直挡位比例，因而直接关系测量结果的正确与否。默认的探头衰减系数为 1X，设定时必须使探头上的黄色开关的设定值与输入通道"探头"菜单的衰减系数一致。衰减系数设置方法是：按"CH1"键，显示通道 1 的功能菜单。按下与探头项目平行的 3 号功能菜单操作键，转动选择与探头同比例的衰减系数并按下"∪"键予以确认。此时应选择并设定为 10X。

③把探头端部和接地夹接到示波器校正信号输出端。按"AUTO"键，几秒钟后，在波形显示区即可看到输入函数信号或示波器校正信号的波形。

2）为了加速调整、便于测量，当被测信号接入通道时，可直接按"AUTO"键以便立即获得合适的波形显示和挡位设置等。

3）示波器的所有操作只对当前选定（打开）通道有效。通道选定（打开）方法是：按"CH1"或"CH2"按钮即可选定（打开）相应通道，并且下状态栏的通道标志变为黑底。关闭通道的方法是：按"OFF"键或再次按下通道按钮当前选定通道即被关闭。

4）使用时应熟悉并通过观察上、下、左状态栏来确定示波器设置的变化和状态。

评价与分析

表 2－3　　　　　　　　　　　　　　　　综合评价

项　　目	自我评价（占总评10%）			小组评价（占总评30%）			教师评价（占总评60%）		
	9～10	6～8	1～5	9～10	6～8	1～5	9～10	6～8	1～5
收集信息									
规范操作									
回答问题									
学习主动性									
协作精神									
工作页质量									
纪律观念									
表达能力									
工作态度									
小　　计									
总　　评									

学习任务四　电信号测量中的影响因素

- **任务目的**

了解环境因素对电信号测量的影响；掌握如何避免或减少环境对正确结果的影响。

- **任务要求**

① 理论掌握程度；② 资料查阅能力；③ 总结分析能力；④ 小组内合作情况。

- **活动安排**

(1) 听老师讲解，认识周围环境中哪些因素会影响电信号的测量，并记录结果。

(2) 查阅文献，分析如何避免或减少环境因素的影响，小组讨论后总结记录结果。

(3) 将实训室中各种潜在因素排除掉，保证测量结果的正确性。

(4) 总结任务，整理工作现场。

- **补充知识点**

1. 环境温湿度

一般材料的电阻值随环境温湿度的升高而减小。相对而言，表面电阻（率）对环境湿度比较敏感，而体电阻（率）则对温度较为敏感。湿度增加，表面泄漏增大，体电导电流也会增加。温度升高，载流子的运动速率加快，介质材料的吸收电流和电导电流会相应增加。据有关资料报道，一般介质在 70℃时的电阻值仅有 20℃时的 10％。因此，测量材料的电阻时，必须指明试样与环境达到平衡的温湿度。

2. 测试电压（电场强度）

介质材料的电阻（率）值一般不能在很宽的电压范围内保持不变，即欧姆定律对此并不适用。常温条件下，在较低的电压范围内，电导电流随外加电压的增加而线性增加，材料的电阻值保持不变。超过一定电压后，由于离子化运动加剧，电导电流的增加远比测试电压增加的快，材料呈现的电阻值迅速降低。由此可见，外加测试电压越高，材料的电阻值越低，以致在不同电压下测试得到的材料电阻值可能有较大的差别。

值得注意的是，导致材料电阻值变化的决定因素是测试时的电场强度，而不是测试电压。对相同的测试电压，若测试电极之间的距离不同，对材料电阻率的测试结果也将不同，正负电极之间的距离越小，测试值也越小。

3. 测试时间

用一定的直流电压对被测材料加压时，被测材料上的电流不是瞬时达到稳定值的，而是有一衰减过程。在加压的同时，流过较大的充电电流，接着是比较长时间缓慢减小的吸收电流，最后达到比较平稳的电导电流。被测电阻值越高，达到平衡的时间则越长。因此，测量时为了正确读取被测电阻值，应在稳定后读取数值或取加压 1min 后的读数值。

另外，高绝缘材料的电阻值还与其带电的历史有关。为准确评价材料的静电性能，在对材料进行电阻（率）测试时，应首先对其进行消电处理，并静置一定的时间（静置时间可取 5min），然后再按测量程序测试。一般而言，对一种材料至少应随机抽取 3～5 个试样进行测试，以其平均值作为测试结果。

4. 测试设备的泄漏

在测试中，线路中绝缘电阻不高的连线，往往会不适当地与被测试样、取样电阻等并联，对测量结果可能带来较大的影响。

（1）为减小测量误差，应采用保护技术，在漏电流大的线路上安装保护导体，以基本消除杂散电流对测试结果的影响。

（2）高电压线由于表面电离，对地有一定泄漏，所以尽量采用高绝缘、大线径的高压导线作为高压输出线并尽量缩短连线，减少尖端，杜绝电晕放电。

（3）采用聚乙烯、聚四氟乙烯等绝缘材料制作测试台和支撑体，以避免由于该类原因导致测试值偏低。

5. 外界干扰

高绝缘材料加上直流电压后，通过试样的电流是很微小的，极易受到外界干扰的影响，造成较大的测试误差。热电势、接触电势一般很小，可以忽略；电解电势主要是潮湿试样与不同金属接触产生的，大约只有 20mV，况且在静电测试中均要求相对湿度较低，在干燥环境中测试时，可以消除电解电势。因此，外界干扰主要是杂散电流的耦合或静电感应产生的电势。在测试电流小于 10^{-10} A 或测量电阻超过 10^{11} Ω 时，被测试样、测试电极和测试系统均应采取严格的屏蔽措施，以消除外界干扰带来的影响。

评价与分析

表 2 - 4 综合评价

项　目	自我评价（占总评10%）			小组评价（占总评30%）			教师评价（占总评60%）		
	9～10	6～8	1～5	9～10	6～8	1～5	9～10	6～8	1～5
收集信息									
理论分析能力									
回答问题									
学习主动性									
协作精神									
工作页质量									
纪律观念									
表达能力									
工作态度									
小　　计									
总　　评									

学习任务五　电子元器件特性测试

- 任务目的

认识电阻、电容、电感等电子元器件；掌握常用电子元器件的重要参数；能够完成电子元器件的测量。

- 任务要求

①元器件特性掌握程度；②资料查阅能力；③熟练使用仪器测量各元件特性；④小组内合作情况。

- 活动安排

（1）认识各种电阻器，熟悉电阻参数和种类，能够识读色环电阻，会正确测量电阻参数并将测量结果正确记录下来。

（2）认识电容器，熟悉电容的参数和种类，会利用万用表判断电容器的好坏，并能将参数测量结果记录下来。

（3）认识电感器、二极管的参数和特性，利用万用表对老师给出的元器件进行测量，判断好坏，并将参数测量结果记录下来。

（4）掌握晶体管的种类、参数，利用万用表对晶体管进行测量，判断好坏和种类，将测量结果记录下来。

（5）总结记录，完成任务，整理现场。

• 补充知识点

元器件的检测是家电维修的一项基本功，如何准确有效地检测元器件的相关参数、元器件的是否正常，必须根据不同的元器件采用不同的方法来判断。特别对初学者来说，熟练掌握常用元器件的检测方法和经验很有必要。以下对常用电子元器件的检测经验和方法进行介绍供对照参考。

1. 电阻器的检测方法与经验

（1）固定电阻的检测

将两表笔（不分正负）分别与电阻的两端引脚相接即可测出实际电阻值。为了提高测量精度，应根据被测电阻标称值的大小来选择量程。由于欧姆挡刻度的非线性关系，它的中间一段分度较为精细，因此应使指针指示值尽可能落到刻度中段位置，即全刻度起始的20％～80％弧度范围内，以使测量更准确。根据电阻误差等级不同，读数与标称阻值之间分别允许有±5％、±10％或±20％的误差。如不相符，超出误差范围，则说明该电阻值变值了。

注意：测试时，特别是在测几十千欧以上阻值的电阻时，手不要触及表笔和电阻的导电部分；被检测的电阻应从电路中焊下来，至少要焊开一个头，以免电路中的其他元件对测试产生影响，造成测量误差；色环电阻的阻值虽然能以色环标志来确定，但在使用时最好还是用万用表测试一下其实际阻值。

（2）水泥电阻的检测。

检测水泥电阻的方法及注意事项与检测普通固定电阻完全相同。

（3）熔断电阻的检测。

在电路中，当熔断电阻熔断开路后，可根据经验作出判断：若发现熔断电阻表面发黑或烧焦，可断定是其负荷过重，通过它的电流超过额定值很多倍所致；如果其表面无任何痕迹而开路，则表明流过的电流刚好等于或稍大于其额定熔断值。对于表面无任何痕迹的熔断电阻器好坏的判断，可借助万用表 $R \times 1$ 挡来测量，为保证测量准确，应将熔断电阻器一端从电路上焊下。若测得的阻值为无穷大，则说明此熔断电阻器已失效开路，若测得的阻值与标称值相差甚远，表明电阻变值，也不宜再使用。在维修实践中发现，也有少数熔断电阻器在电路中被击穿短路的现象，检测时也应予以注意。

（4）电位器的检测。

检查电位器时，首先要转动旋柄，看看旋柄转动是否平滑、开关是否灵活、开关通断时"喀哒"声是否清脆，并听一听电位器内部接触点和电阻体摩擦的声音，如果有"沙沙"声，说明质量不好。用万用表测试时，先根据被测电位器阻值的大小，选择好万用表的合适电阻挡位，然后可按下述方法进行检测。

1）用万用表的欧姆挡测"1"、"2"两端，其读数应为电位器的标称阻值，如万用表的指针不动或阻值相差很多，则表明该电位器已损坏。

2）检测电位器的活动臂与电阻片的接触是否良好。用万用表的欧姆挡测"1"、"2"（或"2"、"3"）两端，将电位器的转轴按逆时针方向旋至接近"关"的位置，这时电阻值越小越好。再顺时针慢慢旋转轴柄，电阻值应逐渐增大，表头中的指针应平稳移动。当轴柄旋至极端位置"3"时，阻值应接近电位器的标称值。如果万用表的指针在电位器的轴柄转动过程中有跳动现象，说明活动触点有接触不良的故障。

（5）正温度系数热敏电阻（PTC）的检测。

检测时，用万用表 $R\times1$ 挡，具体可分两步操作。

1）进行常温检测（室内温度接近 25℃）。将两表笔接触 PTC 热敏电阻的两引脚测出其实际阻值，并与标称阻值相对比，二者相差在 $\pm2\Omega$ 内即为正常。实际阻值若与标称阻值相差过大，则说明其性能不良或已损坏。

2）进行加温检测。在常温测试正常的基础上，即可进行第二步——加温检测，将一热源（如电烙铁）靠近 PTC 热敏电阻对其加热，同时用万用表监测其电阻值是否随温度的升高而增大，如是，说明热敏电阻正常，若阻值无变化，说明其性能变劣，不能继续使用。注意不要使热源与 PTC 热敏电阻靠得过近或直接接触热敏电阻，防止将其烫坏。

（6）负温度系数热敏电阻（NTC）的检测。

1）测量标称电阻值 R_t。用万用表测量 NTC 热敏电阻的方法与测量普通固定电阻的方法相同，即根据 NTC 热敏电阻的标称阻值选择合适的电阻挡可直接测出 R_t 的实际值。但因 NTC 热敏电阻对温度很敏感，故测试时应注意以下几点：R_t 是生产厂家在环境温度为 25℃时所测得的，所以用万用表测量 R_t 时，亦应在环境温度接近 25℃时进行，以保证测试的可信度；测量功率不得超过规定值，以免电流热效应引起测量误差；注意正确操作，测试时，不要用手捏住热敏电阻体，以防止人体温度对测试产生影响。

2）估测温度系数 α_t。先在室温 t_1 下测得电阻值 R_{t1}，再用电烙铁作热源，靠近热敏电阻，测出电阻值 R_{t2}，同时用温度计测出此时热敏电阻表面的平均温度 t_2 再进行计算。

（7）压敏电阻的检测。

用万用表的 $R\times1k$ 挡测量压敏电阻两引脚之间的正、反向绝缘电阻，均为无穷大，否则，说明漏电流大。若所测电阻很小，说明压敏电阻已损坏，不能使用。

（8）光敏电阻的检测。

1）用一黑纸片将光敏电阻的透光窗口遮住，此时万用表的指针基本保持不动，阻值接近无穷大。此值越大说明光敏电阻性能越好。若此值很小或接近为零，说明光敏电阻已烧穿损坏，不能继续使用。

2）将一光源对准光敏电阻的透光窗口，此时万用表的指针应有较大幅度的摆动，阻值明显减小。此值越小说明光敏电阻性能越好。若此值很大甚至无穷大，说明光敏电阻内部开路损坏，也不能继续使用。

3）将光敏电阻透光窗口对准入射光线，用小黑纸片在光敏电阻的遮光窗上部晃动，使其间断受光，此时万用表指针应随黑纸片的晃动而左右摆动。如果万用表指针始终停在某一位置不随纸片晃动而摆动，说明光敏电阻的光敏材料已经损坏。

2. 电容器的检测方法与经验

（1）固定电容器的检测。

1）检测 10pF 以下的小电容。因 10pF 以下的固定电容器容量太小，用万用表进行测量，只能定性的检查其是否有漏电、内部短路或击穿现象。测量时，可选用万用表 $R\times10k$ 挡，用两表笔分别任意接电容的两个引脚，阻值应为无穷大。若测出阻值（指针向右摆动）为零，则说明电容漏电损坏或内部击穿。

2）检测 $10\mathrm{pF}\sim0.01\mu\mathrm{F}$ 固定电容器是否有充电现象，进而判断其好坏。万用表选用 $R\times1\mathrm{k}$ 挡。两只晶体管的 β 值均为 100 以上，且穿透电流要小。可选用 3DG6 等型号硅管组成复合管。万用表的红和黑表笔分别与复合管的发射极 e 和集电极 c 相接。由于复合管的放大作用，把被测电容的充放电过程予以放大，使万用表指针摆幅度加大，从而便于观察。应注意的是：在测试操作时，特别是在测较小容量的电容时，要反复调换被测电容引脚接触 A、B 两点，才能明显地看到万用表指针的摆动。

3）对于 $0.01\mu\mathrm{F}$ 以上的固定电容，可用万用表的 $R\times10\mathrm{k}$ 挡直接测试电容器有无充电过程以及有无内部短路或漏电，并可根据指针向右摆动的幅度大小估计出电容器的容量。

（2）电解电容器的检测。

1）因为电解电容的容量比一般固定电容大得多，所以，测量时应针对不同容量选用合适的量程。根据经验，一般情况下，$1\sim47\mu\mathrm{F}$ 的电容可用 $R\times1\mathrm{k}$ 挡测量，大于 $47\mu\mathrm{F}$ 的电容可用 $R\times100$ 挡测量。

2）将万用表红表笔接负极，黑表笔接正极，在刚接触的瞬间，万用表指针即向右偏转较大偏度（对于同一电阻挡，容量越大，摆幅越大），接着逐渐向左回转，直到停在某一位置。此时的阻值便是电解电容的正向漏电阻，此值略大于反向漏电阻。实际使用经验表明，电解电容的漏电阻一般应在几百 kΩ 以上，否则将不能正常工作。在测试中，若正向、反向均无充电的现象，即表针不动，则说明容量消失或内部断路；如果所测阻值很小或为零，说明电容漏电大或已击穿损坏，不能再使用。

3）对于正、负极标志不明的电解电容器，可利用上述测量漏电阻的方法加以判别。即先任意测一下漏电阻，记住其大小，然后交换表笔再测出一个阻值。两次测量中阻值大的那一次便是正向接法，即黑表笔接的是正极，红表笔接的是负极。

4）使用万用表电阻挡，采用给电解电容进行正、反向充电的方法，根据指针向右摆动幅度的大小，可估测出电解电容的容量。

（3）可变电容器的检测。

1）用手轻轻旋动转轴，应感觉十分平滑，不应感觉有时松时紧甚至有卡滞现象。将载轴向前、后、上、下、左、右等各个方向推动时，转轴不应有松动的现象。

2）用一只手旋动转轴，另一只手轻摸动片组的外缘，不应感觉有任何松脱现象。转轴与动片之间接触不良的可变电容器，是不能再继续使用的。

3）将万用表置于 $R\times10\mathrm{k}$ 挡，一只手将两个表笔分别接可变电容器的动片和定片的引出端，另一只手将转轴缓缓旋动几个来回，万用表指针都应在无穷大位置不动。在旋动转轴的过程中，如果指针有时指向零，说明动片和定片之间存在短路点；如果碰到某一角度，万用表读数不为无穷大而是出现一定阻值，说明可变电容器动片与定片之间存在漏电现象。

3. 电感器、变压器的检测方法与经验

（1）色码电感器的的检测。

将万用表置于 $R\times1$ 挡，红、黑表笔各接色码电感器的任一引出端，此时指针应向右摆动。根据测出的电阻值大小，可具体分下述两种情况进行鉴别。

1）被测色码电感器电阻值为零，其内部有短路性故障。

2）被测色码电感器直流电阻值的大小与绕制电感器线圈所用的漆包线径、绕制圈数有直接关系，只要能测出电阻值，则可认为被测色码电感器是正常的。

（2）中周变压器的检测。

1）将万用表拨至 $R\times1$ 挡，按照中周变压器的各绕组引脚排列规律，逐一检查各绕组的通断情况，进而判断其是否正常。

2）检测绝缘性能。将万用表置于 $R\times10k$ 挡，做如下几种状态测试：初级绕组与次级绕组之间的电阻值；初级绕组与外壳之间的电阻值；次级绕组与外壳之间的电阻值。

上述测试结果分出现三种情况：阻值为无穷大，正常；阻值为零，有短路性故障；阻值小于无穷大但大于零，有漏电故障。

（3）电源变压器的检测。

1）通过观察变压器的外貌来检查其是否有明显异常现象。如线圈引线是否断裂、脱焊，绝缘材料是否有烧焦痕迹，铁心紧固螺杆是否有松动，硅钢片有无锈蚀，绕组线圈是否有外露等。

2）绝缘性测试。用万用表 $R\times10k$ 挡分别测量铁心与初级绕组、初级绕组与各次级绕组、铁心与各次级绕组、静电屏蔽层与次级绕组、次级各绕组间的电阻值，万用表指针均应指在无穷大位置不动。否则，说明变压器绝缘性能不良。

3）线圈通断的检测。将万用表置于 $R\times1$ 挡，测试中，若某个绕组的电阻值为无穷大，则说明此绕组有断路性故障。

4）判别初、次级绕组。电源变压器初级绕组和次级绕组一般都是分别从两侧引出的，并且初级绕组多标有 220V 字样，次级绕组则标出额定电压值，如 15V、24V、35V 等。再根据这些标记进行识别。

5）空载电流的检测。①直接测量法。将次级所有绕组全部开路，把万用表置于交流电流挡（500mA），串入初级绕组。当初级绕组的插头插入 220V 交流电时，万用表所指示的便是空载电流值。此值不应大于变压器满载电流的 10%～20%。一般常见电子设备电源变压器的正常空载电流应在 100mA 左右。如果超出太多，则说明变压器有短路性故障。②间接测量法。在变压器的初级绕组中串联一个 10Ω/5W 的电阻，次级绕组仍全部空载。把万用表拨至交流电压挡。加电后，用两表笔测出电阻 R 两端的电压降 U，然后用欧姆定律算出空载电流 $I_空$，即 $I_空=U/R$。

6）空载电压的检测。将电源变压器的初级接 220V 交流电，用万用表交流电压挡依次测出各绕组的空载电压值（U_{21}、U_{22}、U_{23}、U_{24}）应符合要求值，允许误差范围一般为：高压绕组 $\leq\pm10\%$，低压绕组 $\leq\pm5\%$，带中心抽头的两组对称绕组的电压差应 $\leq\pm2\%$。

7）一般小功率电源变压器允许温升为 40～50℃，如果所用绝缘材料质量较好，允许温升还可提高。

8）检测判别各绕组的同名端。在使用电源变压器时，有时为了得到所需的次级电压，可将两个或多个次级绕组串联起来使用。采用串联法使用电源变压器时，参加串联的各绕组的同名端必须正确连接，不能搞错。否则，变压器不能正常工作。

9）电源变压器短路性故障的综合检测判别。电源变压器发生短路性故障后的主要症状是发热严重和次级绕组输出电压失常。通常，线圈内部匝间短路点越多，短路电流就越大，而变压器发热就越严重。检测判断电源变压器是否有短路性故障的简单方法是测量空载电流（测试方法前面已经介绍）。存在短路故障的变压器，其空载电流值将远大于满载电流的10%。当短路严重时，变压器在空载加电后几十秒之内便会迅速发热，用手触摸铁心会有烫手的感觉。此时不用测量空载电流便可断定变压器有短路点存在。

4. 二极管的检测方法与经验

(1) 检测小功率二极管。

1) 判别正、负电极。

①观察外壳上的的符号标记。通常在二极管的外壳上标有二极管的符号，带有三角形箭头的一端为正极，另一端是负极。

②观察外壳上的色点。在点接触二极管的外壳上，通常标有极性色点（白色或红色）。一般标有色点的一端即为正极。还有的二极管上标有色环，带色环的一端则为负极。

③以阻值较小的一次测量为准，黑表笔所接的一端为正极，红表笔所接的一端则为负极。

2) 检测最高工作频率 F_M。二极管工作频率，除了可从有关特性表中查阅出外，实用中常常用眼睛观察二极管内部的触丝来加以区分，如点接触型二极管属于高频管，面接触型二极管多为低频管。另外，也可以用万用表 $R×1k$ 挡进行测试，一般正向电阻小于 $1k\Omega$ 的多为高频管。

3) 检测最高反向击穿电压 V_{RM}。对于交流电来说，因为不断变化，因此最高反向工作电压也就是二极管承受的交流峰值电压。需要指出的是，最高反向工作电压并不是二极管的击穿电压。一般情况下，二极管的击穿电压要比最高反向工作电压高得多（约高一倍）。

(2) 检测硅高速开关二极管。

检测硅高速开关二极管的方法与检测普通二极管的方法相同。不同的是，这种管子的正向电阻较大。用 $R×1k$ 电阻挡测量，一般正向电阻值为 $5\sim10k\Omega$，反向电阻值为无穷大。

(3) 检测快恢复、超快恢复二极管。

用万用表检测快恢复、超快恢复二极管的方法基本与检测硅整流二极管的方法相同。即先用 $R×1k$ 挡检测一下其单向导电性，一般正向电阻为 $4.5k\Omega$ 左右，反向电阻为无穷大；再用 $R×1$ 挡复测一次，一般正向电阻为几欧，反向电阻仍为无穷大。

(4) 检测双向触发二极管

将万用表置于 $R×1k$ 挡，测双向触发二极管的正、反向电阻值都应为无穷大。若交换表笔进行测量，万用表指针向右摆动，说明被测管有漏电性故障。

将万用表置于相应的直流电压挡。测试电压由兆欧表提供。测试时，摇动兆欧表、万用表所指示的电压值即为被测管子的 VBO 值。然后调换被测管子的两个引脚，用同样的方法测出 VBR 值。最后将 VBO 与 VBR 进行比较，两者的绝对值之差越小，说明被测双向触发二极管的对称性越好。

(5) 瞬态电压抑制二极管（TVS）的检测。

用万用表 $R \times 1k$ 挡测量管子的好坏。

对于单极型的 TVS，按照测量普通二极管的方法，可测出其正、反向电阻，一般正向电阻为 $4k\Omega$ 左右，反向电阻为无穷大。

对于双向极型的 TVS，任意调换红、黑表笔测量其两引脚间的电阻值均应为无穷大，否则，说明管子性能不良或已经损坏。

（6）高频变阻二极管的检测。

1）识别正、负极。高频变阻二极管与普通二极管在外观上的区别是其色标颜色不同，普通二极管的色标颜色一般为黑色，而高频变阻二极管的色标颜色则为浅色。其极性规律与普通二极管相似，即带绿色环的一端为负极，不带绿色环的一端为正极。

2）测量正、反向电阻来判断其好坏。具体方法与测量普通二极管正、反向电阻的方法相同，当使用万用表 $R \times 1k$ 挡测量时，正常的高频变阻二极管的正向电阻为 $5 \sim 5.5k\Omega$，反向电阻为无穷大。

（7）变容二极管的检测。

将万用表置于 $R \times 10k$ 挡，无论红、黑表笔怎样对调测量，变容二极管的两引脚间的电阻值均应为无穷大。如果在测量中，发现万用表指针向右有轻微摆动或阻值为零，说明被测变容二极管有漏电故障或已经击穿损坏。对于变容二极管容量消失或内部的开路性故障，用万用表是无法检测判别的。必要时，可用替换法进行检查判断。

（8）单色发光二极管的检测。

在万用表外部附接一节 $1.5V$ 干电池，将万用表置 $R \times 10$ 或 $R \times 100$ 挡。这种接法就相当于给万用表串接上了 $1.5V$ 电压，使检测电压增加至 $3V$（发光二极管的开启电压为 $2V$）。检测时，用万用表两表笔轮换接触发光二极管的两管脚。若管子性能良好，必定有一次能正常发光，此时，黑表笔所接的为正极，红表笔所接的为负极。

（9）红外发光二极管的检测。

1）判别红外发光二极管的正、负电极。红外发光二极管有两个引脚，通常长引脚为正极，短引脚为负极。因红外发光二极管呈透明状，所以管壳内的电极清晰可见，内部电极较宽较大的一个为负极，而较窄且小的一个为正极。

2）将万用表置于 $R \times 1k$ 挡，测量红外发光二极管的正、反向电阻。通常，正向电阻应在 $30k\Omega$ 左右，反向电阻要在 $500k\Omega$ 以上，这样的管子才可正常使用。要求反向电阻越大越好。

（10）红外接收二极管的检测。

1）识别管脚极性。

①从外观上识别。常见的红外接收二极管外观颜色呈黑色。识别引脚时，面对受光窗口，从左至右分别为正极和负极。另外，在红外接收二极管的管体顶端有一个小斜切平面，通常带有此斜切平面一端的引脚为负极，另一端为正极。

②将万用表置于 $R \times 1k$ 挡，用来判别普通二极管正、负电极的方法进行检查，即交换红、黑表笔两次测量管子两引脚间的电阻值，正常时，所得阻值应为一大一小。以阻值较小的一次为准，红表笔所接的管脚为负极，黑表笔所接的管脚为正极。

2）检测性能好坏。用万用表电阻挡测量红外接收二极管正、反向电阻，根据正、反向电阻值的大小，即可初步判定红外接收二极管的好坏。

（11）激光二极管的检测。

将万用表置于 $R \times 1k$ 挡，按照检测普通二极管正、反向电阻的方法，即可将激光二极管的管脚排列顺序确定。但检测时要注意，由于激光二极管的正向压降比普通二极管要大，所以检测正向电阻时，万用表指针仅略微向右偏转而已，而反向电阻则为无穷大。

5. 晶体管的检测方法与经验

（1）中、小功率晶体管的检测。

1）已知型号和管脚排列的三极管，可按下述方法来判断其性能好坏。

①测量极间电阻。将万用表置于 $R \times 100$ 或 $R \times 1k$ 挡，按照红、黑表笔的六种不同接法进行测试。其中，发射结和集电结的正向电阻值比较低，其他四种接法测得的电阻值都很高，约为几百千欧至无穷大。但不管是低阻还是高阻，硅晶体管的极间电阻要比锗晶体管的极间电阻大得多。

②晶体管的穿透电流 I_{CEO} 的数值近似等于管子的倍数 β 和集电结的反向电流 I_{CBO} 的乘积。I_{CBO} 随着环境温度的升高而增长很快，I_{CBO} 的增加必然造成 I_{CEO} 的增大。而 I_{CEO} 的增大将直接影响管子工作的稳定性，所以在使用中应尽量选用 I_{CEO} 小的管子。

通过用万用表电阻直接测量晶体管 e-c 极之间的电阻方法，可间接估计 I_{CEO} 的大小，具体方法如下。万用表电阻的量程一般选用 $R \times 100$ 或 $R \times 1k$ 挡，对于 PNP 管，黑表管接 e 极，红表笔接 c 极，对于 NPN 型三极管，黑表笔接 c 极，红表笔接 e 极。要求测得的电阻越大越好。e-c 间的阻值越大，说明管子的 I_{CEO} 越小；反之，所测阻值越小，说明被测管的 I_{CEO} 越大。一般说来，中、小功率硅管、锗材料低频管，其阻值应分别在几百千欧、几十千欧及十几千欧以上。如果阻值很小或测试时万用表指针来回晃动，则表明 I_{CEO} 很大，管子的性能不稳定。

③测量放大能力。目前有些型号的万用表具有测量晶体管 h_{FE} 的刻度线及其测试插座，可以很方便地测量晶体管的放大倍数。先将万用表功能开关拨至电阻挡，量程开关拨到 ADJ 位置，把红、黑表笔短接，调整调零旋钮，使万用表指针指示为零，然后将量程开关拨到 h_{FE} 位置，并使两短接的表笔分开，把被测晶体管插入测试插座，即可从 h_{FE} 刻度线上读出管子的放大倍数。

（2）判别高频管与低频管。

高频管的截止频率大于 3MHz，而低频管的截止频率则小于 3MHz。一般情况下，二者是不能互换的。

（3）在路电压检测判断法。

在实际应用中，中、小功率晶体管多直接焊接在印制电路板上，由于元件的安装密度大，拆卸比较麻烦，所以在检测时常常通过用万用表直流电压挡，去测量被测晶体管各引脚的电压值，来推断其工作是否正常，进而判断其好坏。

（2）大功率晶体管的检测

利用万用表检测中、小功率晶体管的极性、管型及性能的各种方法，对检测大功率晶体管来说基本上适用。但是，由于大功率晶体管的工作电流比较大，因而其 PN 结的面积也较大。PN 结较大，其反向饱和电流也必然增大。所以，若像测量中、小功率晶体管极间电阻那样，使用万用表的 $R \times 1k$ 挡测量，必然测得的电阻值很小，好像极间短路一样，所以通常使用 $R \times 10$ 或 $R \times 1$ 挡检测大功率晶体管。

 评价与分析

表 2-5　　　　　　　　　　　　　　综合评价

项　　目	自我评价（占总评 10%）			小组评价（占总评 30%）			教师评价（占总评 60%）		
	9~10	6~8	1~5	9~10	6~8	1~5	9~10	6~8	1~5
收集信息									
数据测量									
回答问题									
学习主动性									
协作精神									
工作页质量									
纪律观念									
表达能力									
工作态度									
小　　计									
总　　评									

学习任务六　晶体管放大电路的测量

· 任务目的

晶体管放大电路的种类、特性；制作晶体管放大电路、测量晶体管放大电路的输入输出特性。

· 任务要求

①理论掌握程度；②资料查阅能力；③电路制作能力；④小组内合作情况。

· 活动安排

（1）接受任务，领取耗材，在老师指导下完成共射极放大电路的制作，并将制作电路的工作步骤记录下来。

（2）查阅文献资料，分析晶体管放大电路的工作原理和特性，研究影响放大特性的参数有哪些，并利用实验法验证。

（3）对晶体管放大电路的特性进行测量，利用示波器测量输入输出波形，根据测量结果计算实际放大倍数，并与理论结果进行比较。

（4）学习对管放大的电路原理，掌握 OTL 放大电路的原理、制作流程，及放大特性。

（5）总结任务收获，整理现场。

评价与分析

表 2 - 6   综合评价

项　　目	自我评价（占总评10%）			小组评价（占总评30%）			教师评价（占总评60%）		
	9～10	6～8	1～5	9～10	6～8	1～5	9～10	6～8	1～5
收集信息									
电路制作									
回答问题									
学习主动性									
协作精神									
工作页质量									
纪律观念									
表达能力									
工作态度									
小　　计									
总　　评									

学习任务七　音频功放电路测试

• 任务目的

了解音频功放的特性和参数；能够独立完成音频功放的电路制作；能够利用示波器对音频功放电路进行特性测量。

• 任务要求

①电路制作能力；②资料查阅能力；③总结分析能力；④小组内合作情况。

• 活动安排

（1）接受任务，制作音频功放电路，在老师引导下，逐步确立音频功放的各项参数，并将参数记录下来。

（2）根据已确定参数，查阅资料，完成电路图的设计，绘制电路原理图，并交老师检查原理性。

（3）根据已设计原理图选取元器件，并独立完成电路的制作。

（4）前置放大电路部分的功能测试。

前置放大级的性能对整个音频功放电路的影响很大，为了减小噪声，前置级通常要选用低噪声的运放。

（5）音调控制电路的功能测试。

音调控制放大器的作用是实现对低音和高音的提升和衰减，以弥补扬声器等因素造成的频率响应不足。

（6）功率放大电路的功能测试。

对于功率放大级，除了输出功率应满足技术指标外，还要求电路的效率高、非线性失真小、输出与音箱负载相匹配，否则将会影响放音效果。

（7）对音频功放电路进行整体调试和参数测量，鉴别功放的质量，并将测量结果记录下来。

1）测试各级电压增益和整机增益。

2）测量空载时其他各项指标。

3）测量频率特性。

4）加负载测量各项整机指标。

（8）总结整理，完成现场整理工作。

• 补充知识点

1. 音频功放电路组成

音频功放电路，也即音响系统放大器，用于对音频信号的处理和放大。按其构成可分为前置放大级、音调控制级和功率放大级三部分（见图 2-9）。

图 2-9　音频功放电路组成

作为音响系统中的放大设备，它接受的信号源有多种形式，通常有话筒输出、唱机输出、录音输出和调谐器输出。它们的输出信号差异很大，因此，音频功放电路中设置前置放大级以适应不同信号源的输入。

为了满足听众对频响的要求和弥补扬声器系统的频率响应不足，设置了音调控制放大器，希望能对高音、低音部分的频率特性进行调节。

为了充分地推动扬声器，通常音响系统中的功率放大器能输出数十瓦以上功率，而高级音响系统的功放最大输出功率可达几百瓦以上。

2. 音频功放的一般测试过程

（1）电路调试和静态测试。

（2）测试各级电压增益和整机增益。

（3）测量其他各项指标。

（4）测量频率特性。

（5）加负载测量各项整机指标。

（6）听音试验。

3. 测试方法和步骤

电子电路调试的一般方法：

• 先调试，后测量。

• 先分级，后整机。

- 先静态，后动态。
- 先空载，后加载。

调试步骤：

1）目测，初步排除明显的错误（不要虚焊）。

2）对照原理图，检查电路的正确性（通断测试）。

3）加电源，注意观察（电源电流大小，有无冒烟）。

4）测试各级电路的静态工作点。

5）加上信号源，用示波器检查各级输出正确否。

 评价与分析

表 2 - 8   综合评价

项　　目	自我评价（占总评10%）			小组评价（占总评30%）			教师评价（占总评60%）		
	9～10	6～8	1～5	9～10	6～8	1～5	9～10	6～8	1～5
收集信息									
电路制作									
回答问题									
学习主动性									
协作精神									
工作页质量									
纪律观念									
表达能力									
工作态度									
小　　计									
总　　评									

学习任务八　总结与评价

- 任务目的

通过对本模块电子测试课程内容的总结，加深对电子测试仪器相关知识和技能的掌握

- 任务要求

① 汇报材料质量；② 小组协作处理问题情况；③ 汇报表达能力。

- 活动安排

（1）以小组为单位进行活动，总结本模块的主要内容、知识要点，完成文字总结。

（2）总结 7 个工作任务中的收获，制作 PPT 进行工作汇报。以小组为单位，每组制作一份 PPT，选出一名代表进行汇报，同时完成小组间互评和教师评价过程。本过程中，汇报以答辩的形式进行，所有听众可以进行提问。

表 2 - 9　　　　　　　　　　　　　　　　　　　总体评价

项　　目	自我评价（占总评 10%）			小组评价（占总评 30%）			教师评价（占总评 60%）		
	9～10	6～8	1～5	9～10	6～8	1～5	9～10	6～8	1～5
PPT 质量									
汇报表达									
回答问题									
学习主动性									
协作精神									
纪律观念									
工作态度									
小　　计									
总　　评									

（3）教师总结，指出整个教学过程中出现的问题，并提出改进方案。同时，针对各组、各同学在本课程过程中的表现进行评价。

模块三
集成芯片及逻辑电路测试技术

【任务描述】

在以上两个模块的基础上，本模块主要针对数字电路的测试方法和技术展开，布置相关工作任务。让学生在接受老师指定的工作任务后，了解数字电路制作、调试的特殊环境，设备管理要求，符合电子制作的标准，穿着防静电服，分组独立完成相关数字电路的制作和参数测量，在制作和测量过程中学习电子测试技术相关理论知识，并熟练的使用各种数字信号测量设备和仪器。

【知识目标】

（1）数字逻辑基础知识；
（2）数字仪表的种类和使用；
（3）常见数字电路芯片的功能；
（4）数字电路的分析方法。

【技能目标】

（1）培养学生对电子技术兴趣。
（2）掌握具体的电子测试的基本知识。

【工作流程】

在了解认识电子测试、电子测量基本理论和掌握模拟数字参数测量技能的基础上深入学习，掌握数字电路的基础知识，能够分析数字电路的逻辑功能，同时掌握数字仪表的使用方法和逻辑分析技术。并在整个过程中培养学生自主学习的能力和与人合作的团队精神，最终对学生进行综合评价，以提高其综合职业能力的提高。

学习任务一　数字逻辑电路基础知识

• 任务目的
掌握数制与编码的基本知识，能够完成简单的逻辑运算，能将逻辑运算与电路的关系相关联，能够完成逻辑关系的表示和化简。

- 任务要求

①理论掌握程度；②资料查阅能力；③总结能力；④小组内合作情况。

- 活动安排

（1）听老师讲解，学习数制与编码的相关知识。

（2）独立完成逻辑运算规律的学习，并能正确进行运算，完成相关题目，并将结果记录下来。

（3）查阅资料，学习逻辑函数的表达方式和化简方法，掌握卡诺图等方法。

（4）总结思考逻辑运算与电路有何相似处。

举例说明：输出变量 Y 是输入变量 A、B、C 的函数，当 A、B、C 中的取值有两个或两个以上相同且为 1 时，$Y=1$；否则，$Y=0$。

依题意可以列出真值表，如表 3-1 所示。

表 3-1   **真值表**

A	B	C	Y	
0	0	0	0	
0	0	1	0	
0	1	0	0	
0	1	1	1	$\overline{A}BC$
1	0	0	0	
1	0	1	1	$A\overline{B}C$
1	1	0	1	$AB\overline{C}$
1	1	1	1	ABC

由真值表可写出逻辑表达式

$$Y=\overline{A}BC+A\overline{B}C+A\overline{B}C+ABC$$

由真值表可画出函数卡诺图，如图 3-1 所示。

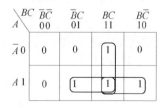

图 3-1   函数卡诺图

由卡诺图可写出化简后的逻辑表达式

$$Y=AB+AC+BC$$

数字逻辑原理图如图 3-2 所示。

开关逻辑控制原理图如图 3-3 所示。

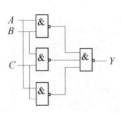

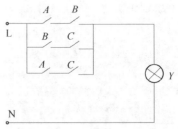

图 3-2　数字逻辑原理图　　　　　图 3-3　开关逻辑控制原理图

- 补充知识点

1. 数制与编码

数制与编码的基本知识见表 3-2。

表 3-2　　　　　　　　　　　　　数制与编码

十进制	二进制	八进制	十六进制	十进制	二进制	八进制	十六进制
0	0000	0	0	8	1000	10	8
1	0001	1	1	9	1001	11	9
2	0010	2	2	10	1010	12	A
3	0011	3	3	11	1011	13	B
4	0100	4	4	12	1100	14	C
5	0101	5	5	13	1101	15	D
6	0110	6	6	14	1110	16	E
7	0111	7	7	15	1111	17	F

（1）十进制：用 K 表示。

用 0～9 十个数码来表示，基数为 10，逢十进一。

科学计数法：K45 表示十进制的 45

$$45 = 4 \times 10^1 + 5 \times 10^0$$

（2）二进制：用（ ）$_2$ 表示。

用 0、1 两个数码来表示，基数为 2，逢二进一。

科学计数法：$(101)_2$ 表示二进制的 101

$(101)_2 = 1 \times 2^2 + 1 \times 2^0 = 4 + 1 = 5$，即 K5（二进制变成十进制）

十进制变成二进制：用倒 2 除逆计法（除基取余倒数法），如 K13 = $(1101)_2$

（3）八进制：用（ ）$_8$ 表示。

用 0～7 八个数码来表示，基数为 8，逢八进一。

科学计数法：$(107)_8$ 表示八进制的 107。

$(107)_8 = 1 \times 8^2 + 7 \times 8^0 = 71$，即 K71

（4）十六进制：用 H 表示。

用 0～9、A～F 十六个数码来表示，基数为 16，逢十六进一。

科学计数法：H2F 表示十六进制

$$H2F = 2 \times 16^1 + 15 \times 16^0 = K47$$

2. 基本逻辑电路与表达式

在逻辑表达式 $Y = AB$ 中，等式右边是输入逻辑变量 A、B、C、D 等和与、或、非三种基本运算符号连接起来的式子，左边是输出变量 Y 等，变量上面没有非运算符号的称为原变量（相当于开关常开）有非运算符号的称为反变量（相当于开关常闭）。

正逻辑概念：规定开关闭合为 1、断开为 0；灯亮为 1、灯灭为 0。

（1）串联（与），即 AND（ANI），逻辑表达式：$Y = AB$，逻辑电路如图 3-4 所示。

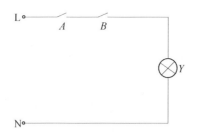

图 3-4　串联逻辑电路

（2）并联（或），即 OR（ORI），逻辑表达式：$Y = A + B$，逻辑电路如图 3-5 所示。

（3）取反（非），即 I，逻辑表达式：$Y = \overline{A}$，逻辑电路如图 3-6 所示。

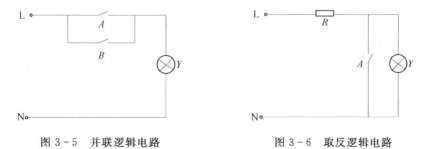

图 3-5　并联逻辑电路　　　　　图 3-6　取反逻辑电路

3. 基本逻辑公式、定理

（1）常量之间的关系。

与运算：$0 \times 0 = 0$，$0 \times 1 = 0$，$1 \times 0 = 0$，$1 \times 1 = 0$。

或运算：$0 + 0 = 0$，$0 + 1 = 1$，$1 + 0 = 1$，$1 + 1 = 1$。

非运算：$\overline{0} = 1$，$\overline{1} = 0$。

（2）变量和常量的关系。

$$A + 0 = A, \quad A \times 1 = 1, \quad A + 1 = 1, \quad A \times 1 = A$$

（3）运算律。

1）交换律：$AB = BA$　$A + B = B + A$

2）结合律：$(AB)C = A(BC)$　$(A + B) + C = A + (B + C)$

3）等幂律：$A+A=A$　$AA=A$

4）互补律：$A\overline{A}=0$　$A+\overline{A}=1$

5）双否律：$\overline{\overline{A}}=A$

6）分配律：$A(B+C)=AB+AC,A+(BC)=(A+B)(A+C)$

7）吸收律：$A(\overline{A}+B)=AB$　$A+AB=A+B$

8）摩根定律：$\overline{AB}=\overline{A}+\overline{B}$　$\overline{A+B}=\overline{A}\,\overline{B}$

（4）异或运算的公式。

A、B 取值相异时输出为 1。

$$A\overline{B}+\overline{A}B=A\oplus B$$

4. 逻辑函数的化简

（1）公式化简法。

1）并项法：利用 $A+\overline{A}=1$。

如：$Y=A\overline{B}C+ABC+\overline{A}C=AC(\overline{B}+B)+\overline{A}C=AC+\overline{A}C=C(A+\overline{A})=C$

2）配项法：利用 $A+A=A$ 或 $B=(A+\overline{A})B$。

如：$Y=AB\overline{C}+A\overline{B}C+\overline{A}BC+ABC=AB\overline{C}+ABC+A\overline{B}C+ABC+\overline{A}BC+ABC$

$\qquad =AB+AC+BC$

3）吸收法：利用 $A+\overline{A}B=A+B$。

如：$Y=A\overline{B}+\overline{A}C+BC=A(\overline{B}+\overline{C})+BC=A\overline{BC}+BC=A+BC$

5. 逻辑函数的表示方法

（1）真值表表示法。

（2）表达式表示法。

（3）卡诺图表示法。

（4）逻辑图表示法（开关电路图和门电路图）。

（5）波形图表示法（时序图）。

 评价与分析

表 3-3　　　　　　　　　　　　综合评价

项　目	自我评价（占总评 10%）			小组评价（占总评 30%）			教师评价（占总评 60%）		
	9～10	6～8	1～5	9～10	6～8	1～5	9～10	6～8	1～5
收集信息									
理论掌握度									
回答问题									
学习主动性									
协作精神									

项　目	自我评价（占总评10%）			小组评价（占总评30%）			教师评价（占总评60%）		
	9～10	6～8	1～5	9～10	6～8	1～5	9～10	6～8	1～5
工作页质量									
纪律观念									
表达能力									
工作态度									
小　计									
总　评									

学习任务二　A/D转换及数字仪表

- 任务目的

掌握A/D、D/A转换的方法和规律；认识A/D转换器并熟悉其功能；能够对AD转换器的输出信号进行采集处理。

- 任务要求

① 理论掌握程度；② 资料查阅能力；③ 程序设计能力；④ 小组内合作情况。

- 活动安排

（1）接受任务，在老师指导下认识A/D转换芯片ADC0809，并独立完成该芯片参数的查阅和整理工作，将结果记录下来。

（2）在对ADC0809功能分析的基础上，总结整理A/D转换的逻辑功能及电路实现过程，同时理解D/A转换的整个过程。

（3）制作单片机信号采集系统，利用ADC0809芯片进行数据采集，经单片机处理后进行显示。

（4）工作现场整理，总结分析。

问题：

1）说明ADC的控制方法。

2）如何选择ADC？ADC有哪些重要参数？

- 补充知识点

1. A/D转换器原理

A/D转换器大致有三类：一是双积分A/D转换器，特点是精度高，抗干扰性好，价格便宜，但转换速度慢；二是逐次逼近A/D转换器，特点是精度、速度、价格均适中；三是并行A/D转换器，速度快，价格昂贵。

本实验用的ADC0809属于第二类，是八位A/D转换器，每采集一次一般需$100\mu s$，A/D转换结束后会自动产生EOC信号。

2. ADC0809简介

1）ADC0809引脚含义。

IN0～IN7：8 路模拟通道输入，由 ADDA、ADDB、ADDC 三条线选择。

ADDA、ADDB、ADDC：模拟通道选择线，如 000 时选择 0 通道，111 时选择 7 通道。

D7～D0：数据线，三态输出，由 OE（输出允许信号）控制输出与否。

OE：输出允许，该引线上为高电平，打开三态缓冲器，将转换结果放到 D0～D7 上。

ALE：地址允许锁存，其上升沿将 ADDA、ADDB、ADDC 三条引线的信号锁存，经译码选择对应的模拟通道。ADDA、ADDB、ADDC 可接单片机的地址线，也可接数据线。ADDA 接低位线，ADDC 接高位线。

START：转换启动信号，在模拟通道选通之后，由 START 上的正脉冲启动 A/D 转换过程。转换时间至少 $100\mu s$。

EOC（end of conversion）：转换结束信号，在 START 信号之后，A/D 开始转换。EOC 输出低电平，表示转换在进行中；当转换结束，数据已锁存在输出锁存器之后，EOC 变为高电平。EOC 可视作被查询的状态信号，亦可用来申请中断。

REF＋、REF－：基准电压输入。

CLOCK：时钟输入、时钟频率上限为 1280kHz。

2）ADC0809 的实验电路。

ADC0809 在实验平台中的电路如图 3－7 所示。ADC0809 输入通道的控制由单片机的 P2.0、P2.1 和 P2.2 完成，跳线 J504 使 U501 锁存使能。EOC 与单片机的中断 0（INT0）相连，当数据转换完成时 EOC 向单片机发送中断请求，单片机响应中断，读取转换数据。ADC0809 的 D0～D7 与单片机的 P0 口相连。单片机的 ALE 信号经过 74LS74 二分频后，作为 ADC0809 的时钟信号。U504 是与非门 CD4001，用于和单片机的 P2.3

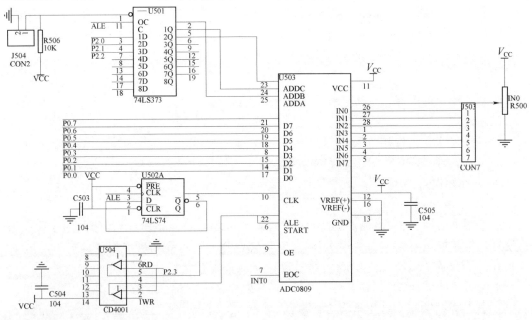

图 3－7　ADC0809 在实验平台中的电路

58

产生 A/D 的片选和使能信号。P2.3 为低电平时，且当 WR 信号为低电平，这时送到 A/D 转换器的 ALE 和 START 引脚为高电平，启动 A/D 转换。同样，当 RD 信号来时使能 OE 信号，A/D 转换器向总线上发送数据。实验时，对 ADC0809 的控制过程是：通过 P2.0、P2.1 和 P2.2 选择模拟量输入通道；通过 P2.3 和 WR 信号启动 A/D 转换；等待转换结束标志 EOC；输出数据使能 OE；读取转换数据。

评价与分析

表 3-4 综合评价

项 目	自我评价（占总评 10%）			小组评价（占总评 30%）			教师评价（占总评 60%）		
	9~10	6~8	1~5	9~10	6~8	1~5	9~10	6~8	1~5
收集信息									
回答问题									
学习主动性									
协作精神									
工作页质量									
纪律观念									
表达能力									
工作态度									
小 计									
总 评									

学习任务三 逻辑门电路参数测试

• 任务目的

熟悉三种基本门电路；掌握利用基本门电路制作组合逻辑门电路的过程；掌握 TTL 和 CMOS 逻辑门电路参数测量。

• 任务要求

① 理论掌握程度；② 资料查阅能力；③ 总结能力；④ 小组内合作情况。

• 活动安排

（1）了解基本逻辑门电路的功能和规律。

与非门的逻辑功能是：当输入端有一个或一个以上的低电平时，输出端为高电平；只有输入端全部为高电平时，输出端才是低电平。即有 "0" 得 "1"，全 "1" 得 "0"。对与非门进行测试时，门的输入端接逻辑开关，开关向上为逻辑 "1"，向下为逻辑 "0"。门的

输出端接电平指示器，发光管亮为逻辑"1"，不亮为逻辑"0"。与非门的逻辑表达式为

$$Q=\overline{ABCD}$$

（2）查询资料，掌握 74LS20 芯片的基本参数和逻辑功能。

TTL 集成与非门是数字电路中广泛使用的一种逻辑门，使用时必须对它的逻辑功能、主要参数和特性曲线进行测试，以确定其性能好坏。本实验主要是对 TTL 集成与非门 74LS20 进行测试，该芯片外形为 DIP 双列直插式结构。原理电路、逻辑符号和引脚如图 3-8（a）、（b）、（c）所示。

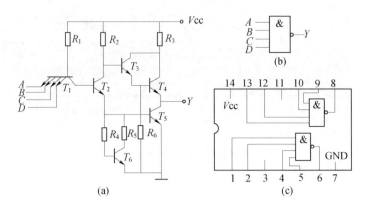

图 3-8　74LS20 芯片的原理电路、逻辑符号和引脚图

74LS20 的主要参数如表 3-5 所示。

表 3-5 　　　　　　　　　　　　　　**74LS20 主要参数**

参数名称及符号		规范值	单位	测试条件
	高电平输出电压 V_{OH}	≥3.40	V	$V_{CC}=5V$，输入端 $V_{IL}=0.8V$，输出端 $I_{OH}=400\mu A$
	低电平输出电压 V_{OL}	<0.30	V	$V_{CC}=5V$，输入端 $V_{IH}=2.0V$，输出端 $I_{OL}=12.8mA$
	最大输入电压时输入电流 I_I	≤1	mA	$V_{CC}=5V$，输入端 $V_{In}=5V$，输出端空载
直流参数	高电平输入电流 I_{IH}	<50	μA	$V_{CC}=5V$，输入端 $V_{In}=2.4V$，输出端空载
	低电平输入电流 I_{IL}	≤1.4	mA	$V_{CC}=5V$，输入端接地，输出端空载
	高电平输出时电源电流 I_{CCH}	<14	mA	$V_{CC}=5V$，输入端接地，输出端空载
	低电平输出时电源电流 I_{CCL}	<7	mA	$V_{CC}=5V$，输入端悬空，输出端空载
	扇出系数 N_O	4～8	V	同 V_{OH} 和 V_{OL}

（3）在参考书指导下，独立完成 TTL 集成逻辑门电路的参数测量，并将结果记录下来。

验证 TTL 集成与非门 74LS20 的逻辑功能。取任一个与非门按图 3-9 连接实验电路，用逻辑开关改变输入端 A、B、C、D 逻辑电平，输出端接电平指标器及数字电压表。逐个测试集成块中两个与非门的逻辑功能，测试结果记入表 3-6 中。

表 3-6		逻辑功能测试数据表			
输 入		输 出			
A	B	Y_1	Y_2	Y_3	Y_4
0	0				
0	1				
1	0				
1	1				

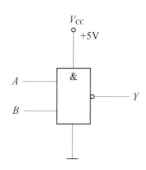

图 3-9　与非门逻辑功能测试

（4）观察与非门、与门、或非门对脉冲的控制作用。

选用与非门按图 3-10（a）、（b）接线，将一个输入端接连续脉冲源（频率为 20kHz），用示波器观察两种电路的输出波形。然后测定"与门"和"或非门"对连续脉冲的控制作用。

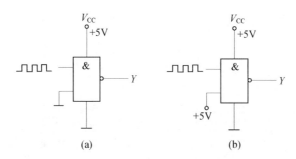

图 3-10　与非门对脉冲的控制作用

（5）整理现场，完成测试报告。

• 补充知识点

1. TTL 集成逻辑门的参数测试。

（1）TTL 与非门的主要参数

1）低电平输出电源电流 I_{CCL} 与高电平输出电源电流 I_{CCH}。与非门在不同的工作状态，电源提供的电流是不同的。I_{CCL} 是指输出端空载、所有输入端全部悬空（与非门处于导通状态），电源提供器件的电流。I_{CCH} 是指输出端空载，每个门各有一个以上的输入端接地，其余输入端悬空（与非门处于截止状态），电源提供器件的电流。测试电路如图 3-11

（a）、（b）所示。通常 I_{CCL} 和 I_{CCH} 的大小标志着与非门在静态情况下的功耗大小。

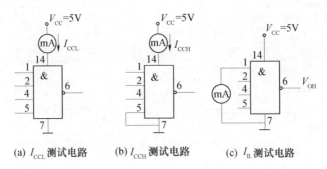

(a) I_{CCL} 测试电路　　　(b) I_{CCH} 测试电路　　　(c) I_{IL} 测试电路

图 3-11　空载参数测试电路

导通功耗：$P_{CCL} = I_{CCL} \times U_{CC}$

截止功耗：$P_{CCH} = I_{CCH} \times U_{CC}$

由于 I_{CCL} 较大，一般手册中给出的功耗是指 P_{CCL}。

注意：TTL 电路对电源电压要求较严，电源电压 V_{CC} 允许在 $\pm10\%$ 的电压范围内工作，超过 5.5V 将损坏器件，低于 4.5V 器件的逻辑功能将不正常。

2）低电平输入电流 I_{IL}。I_{IL} 是指被测输入端接地、其余输入端悬空，由被测输入端流出的电流，如图 3-11（c）所示，在多级门电路中它相当于前级门输出低电平时，后级向前级门灌入的电流，它的大小关系到前级门的灌电流负载能力，因此希望 I_{IL} 小些。

3）扇出系数 N_o。扇出系数是指门电路能驱动同类门的个数，是衡量门电路负载能力的一个参数，测试电路如图 3-12 所示。门的输入端全部悬空，输出端接灌电流负载，调节 R_L 使 I_{oL} 增大，U_{oL} 随之增高，当 U_{oL} 达到 U_{oLm}（手册中规定低电平规范值 0.4V）时的 I_{oL} 就是允许灌入的最大负载电流 I_{oLm}，则

$$N_{oL} = I_{oLm} / I_{IL}$$

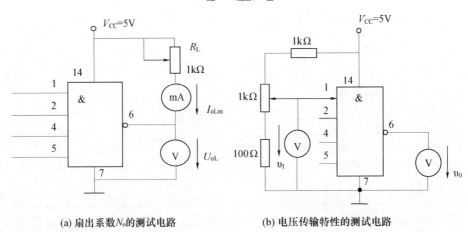

(a) 扇出系数 N_o 的测试电路　　　　　(b) 电压传输特性的测试电路

图 3-12　扇出系数和电压传输特性测试图

N_{oL} 大小主要受输出低电平时输出端允许灌入的最大负载电流 I_{oLm} 的限制。如果灌入的负载电流超出该值，输出低电平将显著升高，以致造成下级门电路的误动作。

注意：测量时，I_{ol} 最大不要超过 20mA，以防止损坏器件。

4）电压传输特性。电压传输特性是指输出电压随输入电压变化的关系曲线 $v_o = f(v_i)$。它能够充分地显示与非门的逻辑关系，即：当输入 v_i 为低电平时，输出 v_o 为高电平；当输入 v_i 为高电平时，输出 v_o 为低电平，在 v_i 由低电平向高电平过渡的过程中，v_o 也由高电平向低电平转化。

通常对典型 TTL 与非门电路要求 $V_{OH} > 3V$（典型值为 3.5V）、$V_{OL} < 0.35V$、$V_{ON} = 1.4V$、$V_{OFF} = 1.0V$。

（2）TTL 集成电路使用注意事项（以 TTL 与非门为例）。

1）接插集成块时，要认清定位标记，不得插反。

2）电源电压使用范围 +4.5～+5.5V，实验中要求使用 $V_{cc} = +5V$。电源绝对不允许接错。

3）闲置输入端处理方法。①悬空，相当于正逻辑"1"，对一般小规模电路的输入端，实验时允许悬空处理，但是输入端悬空易受外介干扰，破坏电路逻辑功能，对于中规模以上电路或较复杂的电路，不允许悬空；②直接接入 V_{cc}，或串入一适当阻值电阻（1～10kΩ）；③若前级驱动能力允许，可以与有用的输入端并联使用。

4）输出端不允许直接接 +5V 电源或直接接地，否则将导致器件损坏。

5）除集电极开路输出器件和三态输出器件外，不允许几个 TTL 器件输出端并联使用。否则，不仅会使电路逻辑功能混乱，并会导致器件损坏。

2. CMOS 集成逻辑门的参数测试

（1）CMOS 集成电路是将 N 沟道 MOS 晶体管和 P 沟道 MOS 晶体管同时用于一个集成电路中，成为组合二种沟道 MOS 管性能的更优良的集成电路。CMOS 集成电路的主要优点是：

1）功耗低，其静态工作电流在 10^{-9}A 数量级，是目前所有数字集成电路中最低的，而 TTL 器件的功耗则大得多。

2）高输入阻抗，通常大于 1010Ω，远高于 TTL 器件的输入阻抗。

3）接近理想的传输特性，输出高电平可达电源电压的 99.9% 以上，低电平可达电源电压的 0.1% 以下，因此输出逻辑电平的摆幅很大，噪声容限很高。

4）电源电压范围广，可在 +3～+18V 范围内正常运行。

5）由于有很高的输入阻抗，要求驱动电流很小，约 0.1μA，输出电流在 +5V 电源下约为 500μA，远小于 TTL 电路，如果以此电流来驱动同类门电路，其扇出系数将非常大。在一般低频率时，无需考虑扇出系数，但在高频时，后级门的输入电容将成为主要负载，使其扇出能力下降，所以在较高频率工作时，CMOS 电路的扇出系数一般取 10～20。

（2）CMOS 门电路逻辑功能。尽管 CMOS 与 TTL 电路内部结构不同，但它们的逻辑功能完全一样。本实验所用 CMOS 与非门型号为 CD4011，是二输入端四与非门。内部逻辑图及引脚排列如图 3-13 所示。

（3）CMOS 与非门的主要参数。CMOS 与非门主要参数的定义及测试方法与 TTL 电路相似，从略。

（4）CMOS 电路的使用规则。由于 CMOS 电路有很高的输入阻抗，这给使用者带来

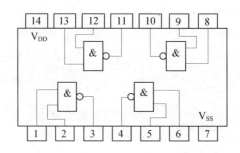

图 3-13　CD4011 引脚排列及内部逻辑图

一定的麻烦，即外来的干扰信号很容易在一些悬空的输入端上感应出很高的电压，以至损坏器件。CMOS 电路的使用规则如下：

1）V_{DD}接电源正极，V_{SS}接电源负极（通常接地⊥），不得接反。CD4000 系列的电源允许电压在＋3～＋18V 范围内选择，实验中一般要求使用＋5～＋15V。

2）所有输入端一律不准悬空。闲置输入端的处理方法：按照逻辑要求，直接接 V_{DD}（与非门）或 V_{SS}（或非门）；在工作频率不高的电路中，允许输入端并联使用。

3）输出端不允许直接与 V_{DD} 或 V_{SS} 连接，否则将导致器件损坏。

4）在装接电路，改变电路连接或插拔电路时，均应切断电源，严禁带电操作。

（5）焊接、测试和储存时的注意事项。

1）电路应存放在导电的容器内，有良好的静电屏蔽；

2）焊接时必须切断电源，电烙铁外壳必须良好接地，或拔下烙铁，靠其余热焊接；

3）所有的测试仪器必须良好接地。

 评价与分析

表 3-7　　　　　　　　　　　　综合评价

项　　目	自我评价（占总评 10%）			小组评价（占总评 30%）			教师评价（占总评 60%）		
	9～10	6～8	1～5	9～10	6～8	1～5	9～10	6～8	1～5
收集信息									
工程绘图									
回答问题									
学习主动性									
协作精神									
工作页质量									
纪律观念									
表达能力									
工作态度									
小　　计									
总　　评									

学习任务四　编码译码器功能测试

- **任务目的**

掌握编码译码器的逻辑功能；能够对编码、译码芯片的逻辑功能进行测试；了解编码译码器的广泛应用。

- **任务要求**

① 编码理论掌握程度；② 资料查阅能力；③ 逻辑功能分析能力；④ 小组内合作情况。

- **活动安排**

（1）接受任务，查阅文献，了解编码器的工作原理。

（2）选取 74LS148 进行编码原理验证试验，将测试结果记录下来。

将 74LS148 插入 IC 空插座中，按图 3-14 接线，其中 E_1 与编码器输入接 9 位逻辑开关，输出 Q_C、Q_B、Q_A 接实验箱 D_1、D_2 和 D_3 的 LED 发光二极管。74LS148 的功能见表 3-8。

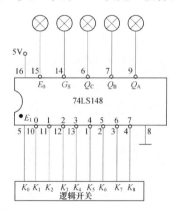

图 3-14　74LS148 的功能验证实验接线图

表 3-8　74LS148 的功能表

输　　入									输　　出				
E_1	0	1	2	3	4	5	6	7	Q_C	Q_B	Q_A	G_S	E_0
1	×	×	×	×	×	×	×	×	1	1	1	1	1
0	1	1	1	1	1	1	1	1					
0	×	×	×	×	×	×	×	0					
0	×	×	×	×	×	×	0	1					
0	×	×	×	×	×	0	1	1					
0	×	×	×	×	0	1	1	1					
0	×	×	×	0	1	1	1	1					
0	×	×	0	1	1	1	1	1					
0	×	0	1	1	1	1	1	1					
0	0	1	1	1	1	1	1	1					

（3）以 74LS138 为例，学习变量译码器的逻辑功能，通过对该芯片的译码功能测试，总结译码器的逻辑功能。

图 3-15（a）、（b）分别为 74LS138 的逻辑图及引脚排列。

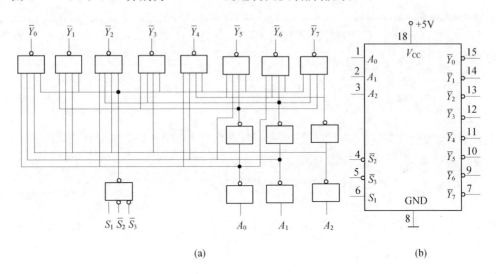

(a)

(b)

图 3-15　74LS138 的逻辑图及引脚排列

其中 A_2、A_1、A_0 为地址输入端，$\overline{Y}_0 \sim \overline{Y}_7$ 为译码输出端，S_1、$\overline{S}_2$、$\overline{S}_3$ 为使能端。

当 $S_1 = 1$，$\overline{S}_2 + \overline{S}_3 = 0$ 时，器件使能，地址码所指定的输出端有信号（为 0）输出，其他所有输出端均无信号（全为 1）输出。当 $S_1 = 0$，$\overline{S}_2 + \overline{S}_3 = X$ 时，或 $S_1 = X$，$\overline{S}_2 + \overline{S}_3 = 1$ 时，译码器被禁止，所有输出同时为 1。74LS138 的功能如表 3-9 所示。

表 3-9　　　　　　　　　　　　　　74LS138 功能表

输 入					输 出							
S_1	$\overline{S}_2 + \overline{S}_3$	A_2	A_1	A_0	$\overline{Y}_0$	$\overline{Y}_1$	$\overline{Y}_2$	$\overline{Y}_3$	$\overline{Y}_4$	$\overline{Y}_5$	$\overline{Y}_6$	$\overline{Y}_7$
1	0	0	0	0	0	1	1	1	1	1	1	1
1	0	0	0	1	1	0	1	1	1	1	1	1
1	0	0	1	0	1	1	0	1	1	1	1	1
1	0	0	1	1	1	1	1	0	1	1	1	1
1	0	1	0	0	1	1	1	1	0	1	1	1
1	0	1	0	1	1	1	1	1	1	0	1	1
1	0	1	1	0	1	1	1	1	1	1	0	1
1	0	1	1	1	1	1	1	1	1	1	1	0
0	×	×	×	×	1	1	1	1	1	1	1	1
×	1	×	×	×	1	1	1	1	1	1	1	1

（4）查阅资料，熟悉常用数码显示译码芯片的型号和特性，并利用 74LS47、CD4511 等芯片进行数码显示试验。

BCD 七段译码器型号有 74LS47（共阳）、74LS48（共阴）、CC4511（共阴）等，本实验系采用 CC4511 BCD 码锁存/七段译码/驱动器，驱动共阴极 LED 数码管。

图 3－16 为 CC4511 引脚排列。

图 3－16　CC4511 引脚排列

其中，A、B、C、D 为 BCD 码输入端；a、b、c、d、e、f、g 为译码输出端，输出 1 有效，用来驱动共阴极 LED 数码管；$\overline{LT}$ 为测试输入端，$\overline{LT}=0$ 时，译码输出全为 1；$\overline{BI}$ 为消隐输入端，$\overline{BI}=0$ 时，译码输出全为 0；LE 为锁定端，$LE=1$ 时译码器处于锁定（保持）状态，译码输出保持在 $LE=0$ 时的数值，$LE=0$ 为正常译码。

表 3－10 为 CC4511 功能表。CC4511 内接有上拉电阻，故只需在输出端与数码管笔段之间串入限流电阻即可工作。译码器还有拒伪码功能，当输入码超过 1001 时，输出全为"0"，数码管熄灭。

表 3－10　　　　　　　　　　　　　　　　　CC4511 功能表

\multicolumn{7}{c}{输　　入}	\multicolumn{8}{c}{输　　出}
LE	$\overline{BI}$	$\overline{LT}$	D	C	B	A	a	b	c	d	e	f	g	显示字形
×	×	0	×	×	×	×	1	1	1	1	1	1	1	8
×	0	1	×	×	×	×	0	0	0	0	0	0	0	消隐
0	1	1	0	0	0	0	1	1	1	1	1	1	0	0
0	1	1	0	0	0	1	0	1	1	0	0	0	0	1
0	1	1	0	0	1	0	1	1	0	1	1	0	1	2
0	1	1	0	0	1	1	1	1	1	1	0	0	1	3
0	1	1	0	1	0	0	0	1	1	0	0	1	1	4
0	1	1	0	1	0	1	1	0	1	1	0	1	1	5
0	1	1	0	1	1	0	0	0	1	1	1	1	1	6
0	1	1	0	1	1	1	1	1	1	0	0	0	0	7
0	1	1	1	0	0	0	1	1	1	1	1	1	1	8
0	1	1	1	0	0	1	1	1	1	0	0	1	1	9
0	1	1	1	0	1	0	0	0	0	0	0	0	0	消隐
0	1	1	1	0	1	1	0	0	0	0	0	0	0	消隐

输			入				输		出					
0	1	1	1	1	0	0	0	0	0	0	0	0	0	消隐
0	1	1	1	1	0	1	0	0	0	0	0	0	0	消隐
0	1	1	1	1	1	0	0	0	0	0	0	0	0	消隐
0	1	1	1	1	1	1	0	0	0	0	0	0	0	消隐
1	1	1	×	×	×	×	锁存							锁存

完成译码器 CC4511 和数码管 BS202 之间的连接，接通 +5V 电源和将十进制数的 BCD 码接至译码器的相应输入端 A、B、C、D 即可显示 0～9 的数字。四位数码管可接受四组 BCD 码输入。CC4511 与 LED 数码管的连接如图 3-17 所示。

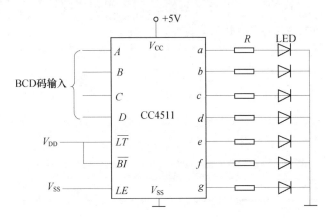

图 3-17　CC4511 驱动一位 LED 数码管

（5）总结工作，完成现场清理，整理工作总结报告。

译码器是一个多输入、多输出的组合逻辑电路。它的作用是把给定的代码进行"翻译"，变成相应的状态，使输出通道中相应的一路有信号输出。译码器在数字系统中有广泛的用途，不仅用于代码的转换、终端的数字显示，还用于数据分配，存储器寻址和组合控制信号等。不同的功能可选用不同种类的译码器。

译码器可分为通用译码器和显示译码器两大类。前者又分为变量译码器和代码变换译码器。

1. 变量译码器（又称二进制译码器）

这类译码器用以表示输入变量的状态，如 2 线－4 线、3 线－8 线和 4 线－16 线译码器。若有 n 个输入变量，则有 $2n$ 个不同的组合状态，就有 $2n$ 个输出端供其使用。而每一个输出所代表的函数对应于 n 个输入变量的最小项。

二进制译码器实际上也是负脉冲输出的脉冲分配器。若利用使能端中的一个输入端输入数据信息，器件就成为一个数据分配器（又称多路分配器），如图 3-18 所示。若在 S_1 输入端输入数据信息，$\overline{S_2} = \overline{S_3} = 0$，地址码所对应的输出是 S_1 数据信息的反码；若从 $\overline{S_2}$ 端输入数据信息，令 $S_1 = 1$、$\overline{S_3} = 0$，地址码所对应的输出就是 $\overline{S_2}$ 端数据信息的原码。若数据信息是时钟脉冲,则数据分配器便成为时钟脉冲分配器。

根据输入地址的不同组合译出唯一地址,故可用做地址译码器。接成多路分配器,可将一个信号源的数据信息传输到不同的地点。

二进制译码器还能方便地实现逻辑函数,如图 3-19 所示,实现的逻辑函数是

$$Z = \overline{ABC} + \overline{A}B\,\overline{C} + A\,\overline{BC} + ABC$$

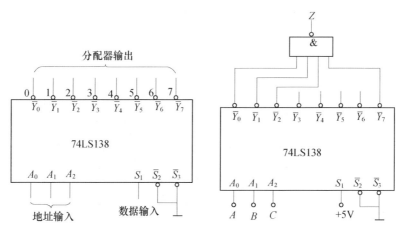

图 3-18 作数据分配器   图 3-19 实现逻辑函数

利用使能端能方便地将两个 3/8 译码器组合成一个 4/16 译码器,如图 3-20 所示。

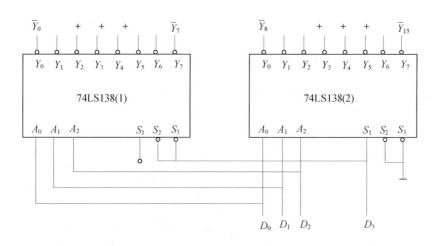

图 3-20 用两片 74LS138 组合成 4/16 译码器

2. 显示译码器

LED 数码管是目前最常用的显示译码器,图 3-21 (a)、(b) 为共阴管和共阳管的电路,(c) 为两种不同出线形式的引脚功能图。

一个 LED 数码管可用来显示一位十进制数和一个小数点。小型数码管(0.5 寸和 0.36 寸)每段发光二极管的正向压降,随显示光(通常为红、绿、黄、橙色)的颜色不同略有差别,通常约为 2~2.5V,每个发光二极管的点亮电流在 5~10mA。LED 数码管

要显示 BCD 码所表示的十进制数字就需要有一个专门的译码器，该译码器不但要完成译码功能，还要有相当的驱动能力。

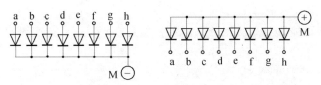

(a) 共阴连接（1电平驱动）   (b) 共阳连接（0电平驱动）

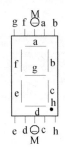 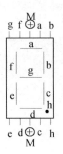

(c) 符号及引脚功能

图 3-21　LED 数码管

评价与分析

表 3-11　　　　　　　　　　　　综合评价

项　　目	自我评价（占总评10%）			小组评价（占总评30%）			教师评价（占总评60%）		
	9～10	6～8	1～5	9～10	6～8	1～5	9～10	6～8	1～5
收集信息									
工程绘图									
回答问题									
学习主动性									
协作精神									
工作页质量									
纪律观念									
表达能力									
工作态度									
小　　计									
总　　评									

70

学习任务五　逻辑分析仪及逻辑电路测试

- 任务目的

了解逻辑分析仪的原理；掌握逻辑分析仪的使用技能；掌握组合逻辑电路的原理及分析方法；掌握组合逻辑电路的连接和调试方法。

- 任务要求

① 仪器使用熟练程度；② 逻辑电路分析能力；③ 调试能力；④ 小组内合作情况。

- 活动安排

（1）认识逻辑分析仪，熟悉其组成和工作原理。在老师的指导下，进行逻辑分析仪触发、显示方式的设定。将操作心得记录下来。

（2）查阅资料，了解逻辑分析仪在当前工业生产中的应用情况，小组内讨论，将总结结果进行记录。

（3）根据老师提供电路图，制作组合逻辑电路，并利用逻辑分析仪对其功能进行验证分析，将结果记录下来。

1）使用中、小规模集成电路来设计组合电路是最常见的逻辑电路。设计组合电路的一般步骤如图 3 - 22 所示。

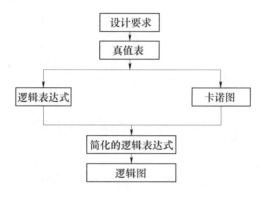

图 3 - 22　组合逻辑电路设计流程图

根据设计任务的要求建立输入、输出变量，并列出真值表。然后用逻辑代数或卡诺图化简法求出简化的逻辑表达式，并按实际选用逻辑门的类型修改逻辑表达式。根据简化后的逻辑表达式，画出逻辑图，用标准器件构成逻辑电路。最后，用实验来验证设计的正确性。

2）组合逻辑电路设计举例。

设计一个三变量的多数表决电路，执行的功能是：少数服从多数，多数赞成时决议生效。用与非门实现。

在这个逻辑问题中，设 A、B、C 为输入变量，分别代表参加表决的逻辑变量，变量为 1 表示赞成，为 0 表示反对；设 Y 为输出变量，表示表决结果，为 1 表示通过，为 0 表示不通过。列出真值表如表 3 - 12 所示。

表 3 - 12　　　　　　　　　　　　　　三变量表决电路真值表

输入			输出
A	B	C	Y
0	0	0	0
0	0	1	0
0	1	0	0
0	1	1	1
1	0	0	0
1	0	1	1
1	1	0	1
1	1	1	1

根据真值表写出 Y 的与或表达式，即：$Y = \overline{A}BC + A\overline{B}C + AB\overline{C} + ABC$

画出接线图如图 3 - 23 所示。输入端 A、B、C 分别接三个逻辑开关，输出端 Y 接逻辑电平指示灯。

（4）独立思考，分析逻辑分析仪的功能缺陷和发展趋势。

（5）总结整理，完成工作任务。

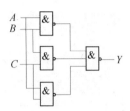

图 3 - 23　三人表决电路图

• 补充知识点

1. 逻辑分析仪的特点和分类

（1）逻辑分析仪的主要特点。

1）输入通道多，可以同时检测 16 路、32 路甚至数百路信号。

2）数据捕获能力强，具有多种灵活的触发方式。

3）具有较大的存储深度。

4）具有多种显示方式。

5）具有可靠的毛刺检测能力。

（2）分类。

按照其工作特点可分为逻辑状态分析仪和逻辑定时分析仪；按照结构特点可分为台式、便携式、卡式、外接式等。

2. 逻辑分析仪的基本组成原理

逻辑分析仪的组成结构如图 3 - 24 所示，它主要包括数据捕获和数据显示两大部分。

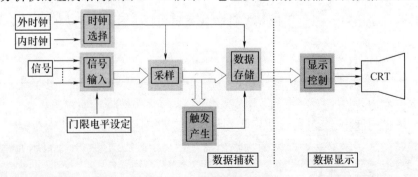

图 3 - 24　逻辑分析仪结构

数据捕获部分：信号输入、采样、数据存储、触发产生和时钟电路等。

数据显示部分：以适当方式（波形或字符列表等）将捕获的数据显示出来。

3. 逻辑分析仪的触发方式

数据观察窗口的定位是通过触发与跟踪来实现。

触发：由一个事件来控制数据获取，即选择观察窗口的位置。这个事件可以是数据流中出现一个数据字、数据字序列或其组合、某一个通道信号出现的某种状态、毛刺等。

常见的触发方式有：

（1）组合触发。

逻辑分析仪具有多通道信号组合触发（即"字识别"触发）功能。当输入数据与设定触发字一致时，产生触发脉冲。每一个输入通道都有一个触发字选择设置开关，每个开关有三种触发条件：1、0、x。

采集并显示数据的一次过程称为一次跟踪。最基本的触发跟踪方式有触发起始跟踪和触发终止跟踪，其原理如图3-25所示。

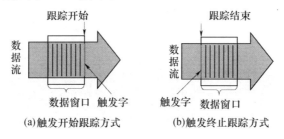

图3-25　逻辑分析仪的基本触发跟踪方式

触发开始跟踪是当触发时才开始采集和存储数据直到存储器满，触发终止跟踪是启动即采集并存储数据，一旦触发即停止数据采集。

（2）延迟触发。

延迟触发是在数据流中搜索到触发字时，并不立即跟踪，而是延迟一定数量的数据后才开始或停止存储数据，它可以改变触发字与数据窗口的相对位置。设置不同的延迟数，就可以将窗口灵活定位在数据流中不同的位置。其原理如图3-26所示。

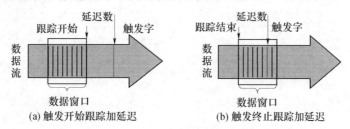

图3-26　延迟触发

（3）序列触发。

序列触发的触发条件是多个触发字的序列，它是当数据流中按顺序出现各个触发字时才触发。其原理如图3-27所示。

（4）手动触发。

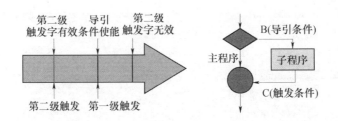

图 3-27　两级序列触发工作原理

手动触发是一种人工强制触发。只要设置分析开始，即进行触发并显示数据。

（5）限定触发。

限定触发是对设置的触发字再加限定条件的触发方式。其原理如图 3-28 所示。

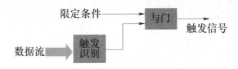

图 3-28　限定触发产生原理

4. 逻辑分析仪的显示方式

常见的基本显示方式有：波形、数据列表、图解及反汇编源代码等。

（1）波形显示。

波形显示是定时分析最基本的显示方式，它将各通道采集的数据按通道以伪方波形式显示出来，每个通道的信号用一个波形显示，多个通道的波形可以同时显示，如图 3-29 所示。

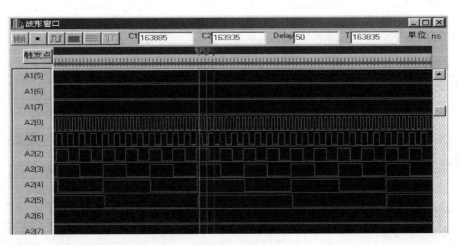

图 3-29　波形显示

（2）数据列表显示。

它常用于状态分析时的数据显示，它是将数据以列表方式显示出来，数据可以显示为二进制、八进制、十六进制、十进制以及 ASCII 码等形式。

	探头A1	探头A2	探头B1	探头B2
0	08	08	00	00
1	08	08	00	00
2	09	03	00	00
3	07	07	00	00
4	06	06	00	00
5	06	06	00	00
6	07	07	00	00
7	05	05	00	00
8	04	04	00	00
9	04	04	00	00
10	05	03	00	00

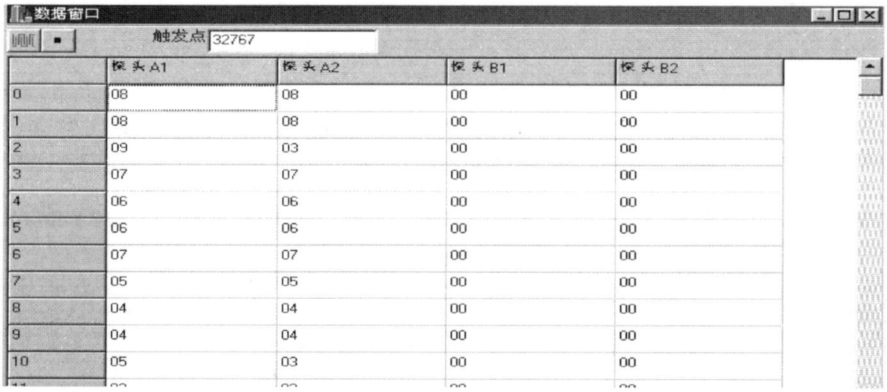

图 3 - 30　数据列表显示

(3) 反汇编显示。

将采集到的总线数据（指令的机器码）按照被测的微处理器系统的指令系统进行反汇编，然后将汇编程序显示出来，观察指令流，分析程序运行情况（见表 3 - 13）。

表 3 - 13　　**反汇编显示**

地址（HEX）	数据（HEX）	操作码	操作数
2000	214220	LD	HL，2042
2003	0604	LD	B，04
2005	97	SUB	A
2006	23	INC	HL

(4) 图解显示。

图解显示是将屏幕 X、Y 方向分别作为时间轴和数据轴进行显示的一种方式。它将要显示的数据通过 D/A 转换器变为模拟量，按照采集顺序将转换所得的模拟量显示在屏幕上，形成一个图像的点阵。图 3 - 31 是一个 BCD 码十进制计数器的输出数据的图解波形显示。

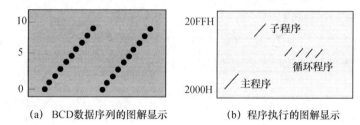

(a) BCD数据序列的图解显示　　(b) 程序执行的图解显示

图 3 - 31　图解显示

5. 逻辑分析仪的主要技术指标及发展趋势

(1) 逻辑分析仪的技术指标主要有：

1) 定时分析最大速率；

2）状态分析最大速率；

3）通道数；

4）存储深度；

5）触发方式，一般有随机触发、通道触发、毛刺触发、字触发等基本方式，有的还有一些触发附加功能，如延迟触发、限定触发、组合触发、序列触发等；

6）输入信号最小幅度；

7）输入门限变化范围；

8）毛刺捕捉能力。

9）还有存储方式、采样方式、显示方式、延迟数、建立保持时间等技术指标。

（2）逻辑分析仪的发展趋势：

1）分析速率、通道数、存储深度等技术指标在不断提高；

2）功能不断加强；

3）与时域测试仪器示波器的结合，提高混合信号分析能力；

4）向逻辑分析系统方向发展。

6．逻辑分析仪的应用

（1）逻辑分析仪在硬件测试及故障诊断中的应用（见图 3 - 32）。

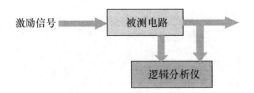

图 3 - 32　硬件测试连接

逻辑定时分析仪和状态分析仪均可用于硬件电路的测试及故障诊断。给一数字系统加入激励信号，用逻辑分析仪检测其输出或内部各部分电路的状态，即可测试其功能。

（2）逻辑分析仪在软件测试中的应用。

逻辑分析仪也可用于软件的跟踪调试，发现软硬件故障，而且通过对软件各模块的监测与效率分析还有助与软件的改进。在软件测试中必须正确地跟踪指令流，逻辑分析仪一般采用状态分析方式来跟踪软件运行。

 评价与分析

表 3 - 14　　　　　　　　　　　综合评价

项　　目	自我评价（占总评 10%）			小组评价（占总评 30%）			教师评价（占总评 60%）		
	9～10	6～8	1～5	9～10	6～8	1～5	9～10	6～8	1～5
收集信息									
工程绘图									
回答问题									

项　目	自我评价（占总评10%）			小组评价（占总评30%）			教师评价（占总评60%）		
	9～10	6～8	1～5	9～10	6～8	1～5	9～10	6～8	1～5
学习主动性									
协作精神									
工作页质量									
纪律观念									
表达能力									
工作态度									
小　计									
总　评									

学习任务六　总结与评价

- 任务目的

通过对本模块电子测试课程内容的总结，加深对数字电路的测试知识和技能的掌握。

- 任务要求

① 汇报材料质量；② 小组协作处理问题情况；③ 汇报表达能力

- 活动安排

（1）以小组为单位进行活动，总结本课程的知识要点和重要的工作任务，完成文字总结。

（2）总结五个工作任务中的收获，制作 PPT 进行工作汇报。以小组为单位，每组制作一份 PPT，选出一名代表进行汇报，同时完成小组间互评和教师评价过程。本过程中，汇报以答辩的形式进行，所有听众可以进行提问。

表 3-15　　　　　　　　　　　　总结评价

项　目	自我评价（占总评10%）			小组评价（占总评30%）			教师评价（占总评60%）		
	9～10	6～8	1～5	9～10	6～8	1～5	9～10	6～8	1～5
PPT 质量									
汇报表达									
回答问题									
学习主动性									
协作精神									
纪律观念									
工作态度									
小　计									
总　评									

（3）教师总结，指出整个教学过程中出现的问题，并提出改进方案。同时，针对各组、各同学在本课程过程中的表现进行评价。

模块四
电子产品系统测试技术

【任务描述】

在掌握了电子测试理论、元器件参数测量、电路特性测量的基础上，本模块从电子产品整体角度出发，专注于系统级的测试。学生在接受老师指定的工作任务后，了解电子产品的整体特性、参数，遵照电子制作的标准，穿着防静电服，分组独立完成相关电子产品整体组装和参数测量，在组装和测量过程中学习电子测试技术相关理论知识，并能熟练地掌握电子测试相关仪器仪表的使用方法。

【知识目标】

(1) 信号发生器的原理和功能；
(2) 手机的重要参数和测试技术；
(3) 液晶显示器的参数和测试技术；
(4) 虚拟仪器测试技术；
(5) 自动化测试系统。

【技能目标】

(1) 培养学生对电子技术兴趣。
(2) 掌握具体的电子测试的基本知识。

【工作流程】

在工业生产的出厂测试环节，测试对象往往是已经完成组装的电子产品整机。在掌握电子测试基本理论、已经完成器件、电路参数测量的基础上深入学习，同时结合仪器仪表使用来对电子产品整机进行系统测试，使学生掌握电子测试相关的主要理论知识和技术。并在整个过程中培养学生自主学习的能力和与人合作的团队精神，最终对学生进行综合评价，以提高其综合职业能力。

学习任务一　信号发生器结构及使用

- **任务目的**

了解信号发生器的组成结构和工作原理；掌握低频信号发生器的使用；能够利用函数信号发生器产生需要的标准信号。

- **任务要求**

① 了解工作原理；② 资料查阅能力；③ 能够利用仪器产生所需信号；④ 小组内合作情况。

- **活动安排**

(1) 接受任务，熟悉低频信号发生器的各项技术指标，掌握面板各部分的功能，并将结果记录下来。

(2) 利用低频信号发生器产生指定信号，并利用示波器对其进行测量，将结果记录下来。

(3) 查阅文献，了解函数信号发生器的功能和原理，熟悉函数信号发生器的面板功能，并做好记录。

(4) 利用函数发生器产生指定波形的电信号，并利用示波器对该信号进行检测。

(5) 任务总结，完成现场清理工作。

- **补充知识点**

1. 低频信号发生器

低频信号发生器也称音频信号发生器，是电子测试技术中常用的信号电源，它能提供频率在 1MHz 以下直至不到 1Hz 的大小连续可调的正弦电压和电流，用来对低频电子设备进行调试和测量。虽然各工厂生产的低频信号发生器型号不同，内部结构和功能也有差异，但它们的基本组成部分都是一只 RC 振荡器，也就是具有文氏电桥正反馈电路的两级阻容耦合放大器。此外，为了实现信号源与负载的阻抗匹配和调节输出电压、电流的大小，还附有射极（或电子管阴极）输出器等形式的功率输出级，以及指示电压、频率高低的指示仪表和装置。其原理方框图如图 4-1 所示。

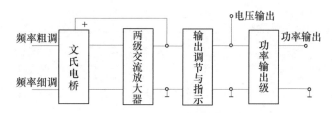

图 4-1　低频信号发生器原理示意

(1) 技术指标

1) 频率范围。

由 1Hz~1MHz 共分 6 个频段，由 6 只开关控制更换频段，即：1~10Hz、10~100Hz、100~1kHz、1~10kHz、10~100kHz、100kHz~1MHz。

每个频段又由 3 只十进制波段开关。在段内以三位有效数字选择所需的频率。例如，在 1～10Hz 频段内，可选择最低频率 1.00Hz，最高频率 9.99Hz 或 10.00Hz。

频率基本误差：除 100kHz～1MHz 频段为 ±5％外，其余各挡均为 ±（1％的误差 ＋ 0.3Hz）。

2）输出大小。

①电压输出在规定频率范围内输出电压大于 5V（有效值），随频率变化（即频率特性）小于 ±1dB。

②功率输出。在 10Hz～700kHz 范围内可用波段开关选择 50Ω、75Ω、150Ω、600Ω 四种输出阻抗与负载匹配；在 10Hz～200kHz 范围内可选用 5kΩ 输出电阻，其最大输出功率大于 4W；在 5Hz 以下功率输出级的输入端被切断，无功率输出；其余情况下也有输出，但输出功率减小。

功率输出幅度随频率的变化（频率特性），在上述规定输出范围内，10Hz～100kHz 小于 ±2dB，100kHz 以上小于 ±3dB。

3）非线性失真度。

电压输出在 20Hz～20kHz 范围内小于 0.1％。

功率输出在 20Hz～20kHz 范围内小于 0.5％。

4）衰减器。

①电压输出 1Hz～1MHz 衰减不超过 80dB 时误差小于 ±2dB；衰减到 90dB 时误差小于 ±3dB。

②功率输出 10Hz～100kHz 衰减不超过 80dB 时，误差小于 2dB；衰减到 90dB 时误差小于 ±3dB；100～700kHz 衰减不超过 80dB 时误差小于 ±3dB；衰减到 90dB 时误差小于 ±5dB。

5）交流电压表仪器上附设一只能测量与仪器工作频率相应的正弦交流电压的交流电压表，通过开关转换可做内测、外测、测对地电压及与地无关的两端钮间平衡电压。

①量程 5V、50V、150V 三挡。

②误差 2Hz～1MHz 间＜－5％。

③输入电阻大于 100kΩ。

④输入电容小于 50pF。

6）电源及消耗功率：220V，50Hz，功耗＜50V·A。

（2）使用方法。

XD－1 低频信号发生器是一种多功能多用途测试信号电源，其面板图如图 4-2 所示。使用方法如下：

1）开机前，应将输出细调电位器旋至最小。

2）将电源线接入 220V、50Hz 交流电源，并接通电源开关。电源开关上的指示灯及过载指示灯同时亮。待过载指示灯熄灭后，再逐渐加大输出幅度。若想达到足够的频率稳定度，须预热 30min 后再使用。

3）频率选择依所需的频率按下相应的按钮开关作分段的选择。然后再用按键开关上方的三个频率旋钮（×1、×0.1、×0.01）按十进制的原则细调到所需频率。

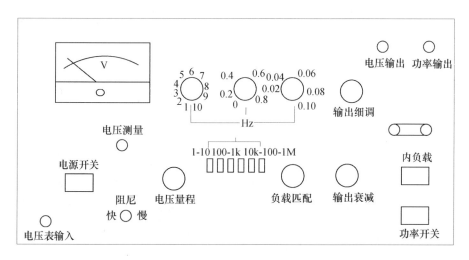

图 4-2 XD-1低频信号发生器面板简图

4）输出调整仪器有电压输出和功率输出两组端钮。这两种输出共用一个输出衰减旋钮。使用时应注意在同一衰减位置上，电压与功率的衰减分贝数是不相同的，面板上已用不同的颜色区别表示。输出细调是由同一电位器连续调节的。这两个旋钮适当配合，便可在输出端上得到所需的输出幅度。

5）电压级的使用电压级最大可输出5V。为了保持衰减器的准确性及输出波形失真不变坏（主要是在电压衰减0dB时）电压输出端钮上的负载阻抗应大于5kΩ以上。

6）功率级的使用使用功率级时应先将"功率开关"按下。

①阻抗匹配功率级共设有50Ω、75Ω、150Ω、600Ω及5kΩ五种负载阻值。若得到最大输出功率，应使负载选择在以上五种数值上，以求匹配。若做不到，一般也应使实际使用的负载值大于所选用的数值，否则失真度变坏。当负载接以高阻抗时，并要求工作在频段两端，即接近10Hz或几百kHz的频率时。为了满足足够的幅度，应将内负载按键按下，接通内负载，否则输出幅度会减小。

②保护电路在开机时，过载保护指示灯亮，五六秒后熄灭，表示功率级进入工作状态。当输出旋钮开得过大或负载阻抗值太小时，过载保护指示灯点燃，表示过载。保护动作过几秒以后自动恢复，若此时仍过载则一闪后仍继续亮。在第六挡高端的高频下，有时因功率级输出幅度过大，甚至会一直亮。此时应减小幅度或减轻负载使其恢复。

遇到保护指示不正常时，就不要继续开机，需进行检修以免烧毁功率管。当不使用功率级时应把功率开关按钮抬起，以免因功率级保护电路的动作影响电压级输出。

③对称输出功率级输出可以不接地。此时只要把功率输出端钮与地的连接片取下即可。

④工作频段功率级在10Hz～700kHz（5kΩ负载挡在10～200kHz）范围的输出，符合技术条件的规定。在5～10Hz及700kHz～1MHz（或5kΩ负载挡在200kHz～1MHz）范围也有输出，但功率减小。在5Hz以下功率级，输入被切断，没有输出。

⑤电压表此电压表可作"内测"与"外测"。当用做"外测"时，须将测量开关拨向"外测"。此时根据被测电压选择电压表量程。测量信号从输入电缆上输入。当测量开关拨

向"内测"时电压表接在电压输出级的电压细调电位器之后，粗调衰减旋钮改变时，表头指示不变，而实际输出电压却在变。这时的实际输出电压可根据表头指示与衰减分贝数计算，即实际输出电压为电压表指示除以衰减分贝相对应的电压衰减倍数，如表 4-1 所示。

此电压表没有接地端，因此可测量不接地的输出电压。

⑥阻尼为了减小表针在低频时的抖动，可使用阻尼开关。

表 4-1   **电压衰减**

衰减分贝数	电压衰减倍数	衰减分贝数	电压衰减倍数
10	3.16	60	1000
20	10	70	3160
30	31.6	80	10 000
40	100	90	31 600
50	316		

2. 函数信号发生器

在实训、实践训练中，信号发生器是用来产生不同频率和波形的装置，是电子测量中经常使用的仪器设备之一。按信号发生器产生输出信号的波形不同，可将其分为正弦信号发生器（输出正弦波）、脉冲信号发生器（输出不同频率、脉冲宽度和幅度的脉冲信号）及函数信号发生器（能产生并输出多种波形信号）三大类。常用的为正弦信号发生器和函数信号发生器两类。函数信号发生器按需要一般可选择输出正弦波、方波和三角波三种信号波形。

上述三类信号发生器输出信号的电压幅值都可通过输出幅值调节旋钮进行连续调节；输出电压信号的频率可以由分挡开关和调节旋钮联合进行调节。对于函数信号发生器，其输出波形的种类，可以通过波形选择开关进行选择。

无论哪种信号发生器，在使用过程中，其输出端都不能短路，否则，将会造成仪器损坏，在使用中必须特别值得注意。

不同型号的信号发生器，其面板上的旋钮、开关及布局也不尽相同，在此不一一介绍，下面以常见实用的 S101 型函数信号发生器为例，给大家说明其开关、旋钮的功能及使用步骤。

S101 型函数信号发生器的面板装置如图 4-3 所示。

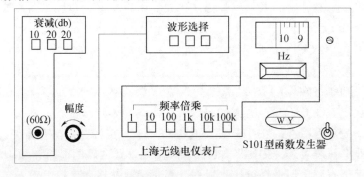

图 4-3   S101 型函数信号发生器面板图

开关、旋钮功能说明：

①波形选择按钮开关：按下其中任一个可选择正弦波、方波或三角波。

②频率倍乘开关：按键式开关共有六挡，将产生信号的频率分为六个频段，分别为"1"、"10"、"100"、"1k"、"10k"、"100k"，通过换挡实现频段转换。

③频率调节拨盘：在每一频段内，调节拨盘可以改变输出信号的频率，联合频率倍乘开关，可使输出信号频率连续可调，从而可以通过联合调节得到该函数信号发生器所能产生的频率范围内任意频率的信号。

④衰减按键：衰减按键有三挡，分别为 10dB、20dB、20dB，这三挡按键可按不同的组合同时使用，以获得不同的衰减量。

⑤输出调节旋钮：通过调节此旋钮控制输出信号的大小；联合衰减按钮的调节，可方便的得到输出幅度范围内所需的任意大小的信号。

⑥输出插孔：输出信号可以通过输出连接线由此输出。

函数信号发生器的使用方法

（1）开机接通电源，预热一段时间，待输出稳定后即可使用。

（2）根据需要，按下相应的波形选择按钮开关，选择适当的波形。

（3）根据所需输出的信号的频率，选择、按下对应的频率倍乘开关，选择适当的输出信号频率范围，并用频率调节拨盘调节所需的频率。

（4）在实践测量时，根据所需要的信号幅度的大小，选择适当的衰减量（在 0～50dB 范围内组合），从而可以通过联合调节，得到相应函数的输出信号。

 评价与分析

表 4－2　　　　　　　　　　　　　　综合评价

项　　目	自我评价（占总评 10%）			小组评价（占总评 30%）			教师评价（占总评 60%）		
	9～10	6～8	1～5	9～10	6～8	1～5	9～10	6～8	1～5
收集信息									
操作规范性									
回答问题									
学习主动性									
协作精神									
工作页质量									
纪律观念									
表达能力									
工作态度									
小　　计									
总　　评									

学习任务二　手机性能测试技术

- **任务目的**

熟悉影响手机性能的主要参数；掌握手机的拆装机技能；能对手机功能进行测试分析

- **任务要求**

① 技能熟练程度；② 资料查阅能力；③ 总结分析能力；④ 小组内合作情况。

- **活动安排**

(1) 接受工作任务，在老师指导下领取实训手机诺基亚 C6，开机熟悉塞班系统的各项功能和设置菜单，并做好记录。

(2) 在老师指导下，根据手机说明书进行手机拆机工作，熟悉手机的结构和组成模块，并查阅资料，了解手机的工作原理。

(3) 组装手机，并利用多功能手机维修仪对手机主板进行检测，判断各部分是否工作正常，查看手机主要芯片信息，并做好记录。

(4) 遵照手机功能测试流程，对组装后的手机进行功能测试，并记录测试结果。

- **补充知识点**

1. 手机检测工艺流程（见图 4-4）

图 4-4　手机检测工艺流程

2. 本工艺说明

(1) 本检查完成的内容有：版本验证、LCD 屏显示、铃声、MP3、马达、MIC、听筒、喇叭、按键、拍照等的性能良好性。

(2) 在工程测试模式的任意界面的测试项没有通过的，均应准确记录未通过的测试项目，以便维修。

(3) 测试用的电池必须保持 2 格或 2 格以上的电量状态，以免影响测试。

(4) 维修好的手机必须再进行一次完整的测试，测试通过的可以送下一工位。

3. 使用工具（见表 4-3）

表 4-3　　　　　　　　　　　　　　使用工具

序号	名称	型号	数量
1	耳机	F1 耳机	1 个
2	T-Flash 卡	通用（128MB 以上容量）	1 片
3	电池	F1 电池	2 块

4. 作业准备

(1) 操作工人确保作业台面干净、整洁。

(2) 阅读作业指导书。

5. 作业内容

(1) 开机：首先初步检查手机外观合格后，插入 T－Flash 卡以及装入电池后，长按开机键，手机开机。确保手机开机过程中，开机铃音正常、无杂音，开机画面正常；进入待机画面后，确认插入 T－Flash 卡的图标正常显示。如果无 T－Flash 卡图标，需要重新安装一遍 T－Flash 卡后再实验，如果仍无 T 卡图标，按照故障机处理。

(2) 输入测试指令：然后在手机显示界面输入"＊1973460JHJ"，手机进入工程测试菜单（见图 4－5），选择系统信息。

(3) 软件版本验证：按一下"＊"键，进入"软件版本菜单"，软件版本是 CIM.6.00.2.00（见图 4－6）。注意：软件版本一定要是最新发行的软件版本。

图 4－5　测试菜单　　　　　图 4－6　版本验证

(4) 快速测试：按一下"＊"键，进入"快速测试 Quick Test"（见图 4－7）。

(5) BSN 码测试：按一下"＊"键，手机 LCD 屏幕上显示如图 4－8 所示画面，同时按键背光灯点亮。

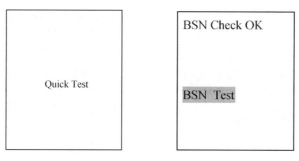

图 4－7　快速测试　　　　图 4－8　BSN 码测试

(6) LCD 屏显示测试：按一下"＊"键，确认 LCD 屏为全灰颜色，无其他颜色斑点，同时上翻盖上的所有跑马灯点亮为白色，且亮度一致（见图 4－9）。

按一下"＊"键，确认 LCD 屏为全白颜色，无其他颜色斑点（见图 4－10）。

图 4-9　LCD 屏显示测试（1）　　　　图 4-10　LCD 屏显示测试（2）

　　按一下"＊"键，确认屏幕从左到右显示八级灰度竖条，确认有灰度等级变化，无畸变（见图 4-11）。

　　按一下"＊"键，屏幕显示红绿蓝三色彩条，确认颜色正常，无畸变（见图 4-12）。

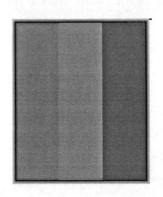

图 4-11　LCD 屏显示测试（3）　　图 4-12　LCD 屏显示测试（4）

　　（7）铃声测试：按一下"＊"键，手机 LCD 屏幕上显示如图 4-13 所示画面，确认振铃音正常、清晰，声音大小适中，无杂音，确认后插入耳机检测铃音是否有音小、无音、音杂不良，无异常拔下耳机。

　　（8）MP3 测试：按一下"＊"键，手机 LCD 屏幕上显示如图 4-14 所示画面，确认 MP3 铃音正常、清晰，声音大小适中，无杂音（此项不做测试，可按"JHJ"键直接跳过该步）。

图 4-13　铃声测试　　　　图 4-14　MP3 测试

　　（9）马达振动测试：按一下"＊"键，手机 LCD 屏幕上显示如图 4-15 所示画面，确认马达振动；无噪声，无振动弱。

86

（10）MIC 测试：按一下"*"键，手机 LCD 屏幕上显示如图 4-16 所示画面，确认对 MIC 孔说话，能够从手机听筒中听到自己发出清晰的回声，回声无声小，杂声。

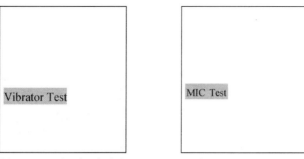

图 4-15　马达振动测试　　　　图 4-16　MIC 测试

（11）耳机测试：按一下"*"键，手机 LCD 屏幕上显示如图 4-17 所示画面，插上手机配套的耳机并戴上耳机，确认对耳机 MIC 孔说话能够从耳机听筒中听到自己发出清晰的回声，回声无声小，杂声（此项不做测试，可按"JHJ"键直接跳过该步）。

（12）UIM 卡测试：按一下"*"键，手机能读取 UIM 测试卡，表示手机的卡槽工作正常；手机 LCD 屏幕上显示如图 4-18 所示（此项不做测试，可按"JHJ"键直接跳过该步）。

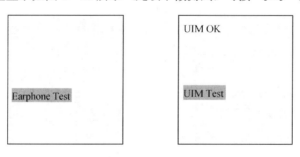

图 4-17　耳机测试　　　　图 4-18　UIM 卡测试

（13）FM 测试：按一下"*"键，手机进入"88M FM Test"，手机 LCD 屏幕上显示如图 4-19 所示，确认能够从耳机听筒中清晰的听到 FM 发射器播放的音乐（此项不做测试，可按"JHJ"键直接跳过该步）

按一下"*"键，手机进入"98.7M FM Test"，手机 LCD 屏幕上显示如图 4-20 所示，确认能够从耳机听筒中清晰的听到 FM 发射器播放的音乐。

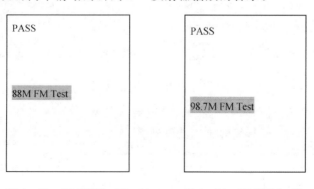

图 4-19　FM 测试（1）　　　　图 4-20　FM 测试（2）

按一下"＊"键，手机进入"104.3M FM Test"，手机 LCD 屏幕上显示如图 4 - 21 所示，确认能够从耳机听筒中清晰的听到 FM 发射器播放的音乐。

（14）拍照测试：按一下"＊"键，手机进入"Main Camera Test"，手机 LCD 屏幕上显示如图 4 - 22 所示，将摄像头对明亮物体，确认摄像画面正常，无模糊、花屏、扭曲等异常。

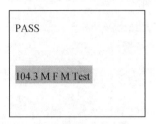

图 4 - 21 FM 测试（3）　　　　　图 4 - 22 拍照测试

（15）按键测试：按一下"＊"键，手机 LCD 屏幕上显示如图 4 - 23 所示画面，逐一按键盘板上的主键盘区（除挂机键），并将翻盖闭合。在按各键过程中确认各按键音清晰、无杂音、手感良好，并且 LCD 屏幕上的对应的方块依次消失。最后按"挂机"键，当屏幕上所有按键都消失后，手机自动进入下一步界面。

（16）当手机所有按键检测完毕后，手机软件自动进入该步，手机 LCD 屏幕上显示如图 4 - 24 所示画面。

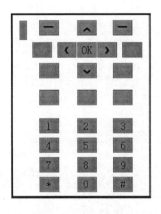

图 4 - 23 按键测试　　　　　图 4 - 24 测试完毕

（17）再按"挂机键"时，手机 LCD 屏幕上显示如图 4 - 25 所示的画面，待手机再次进入到开机动画界面时，完成功能检查。

（18）测试结束，从手机上取下电池、UIM 测试卡和 T－Flash 卡。

（19）将全部通过上述测试的作为合格品流入下一工序。没有通过上述任何测试的，记录故障现象，作为不合格品并放入不合格品周转箱转维修工位维修。

图 4 - 25 检查完成

评价与分析

表 4 - 4 　　　　　　　　　　　综合评价

项　目	自我评价（占总评 10%）			小组评价（占总评 30%）			教师评价（占总评 60%）		
	9～10	6～8	1～5	9～10	6～8	1～5	9～10	6～8	1～5
收集信息									
操作规范性									
回答问题									
学习主动性									
协作精神									
工作页质量									
纪律观念									
表达能力									
工作态度									
小　计									
总　评									

学习任务三　液晶显示器测试技术

- 任务目的

了解液晶显示器的分类、组成机构；掌握液晶显示器的拆装技能；掌握液晶显示器的测试技能。

- 任务要求

① 液晶显示器的拆装技术；② 资料查阅能力；③ 显示器功能的分析能力；④ 小组内合作情况。

- 活动安排

（1）接受任务，领取液晶显示器，在老师指导下对显示器进行拆机，熟悉其结构组成和各部分接口。

（2）查阅资料，了解液晶显示的工作原理，并在小组内进行交流，将汇总结果记录下来。

（3）组装液晶显示器，并利用 VGA 信号发生器产生测试图像信号，对液晶显示器进行暗点、亮点检测和屏幕动态特性检测，并将结果记录下来。

（4）完成工作任务，整理工作现场。

评价与分析

表 4 – 5   综合评价

项 目	自我评价（占总评10%）			小组评价（占总评30%）			教师评价（占总评60%）		
	9～10	6～8	1～5	9～10	6～8	1～5	9～10	6～8	1～5
收集信息									
工程绘图									
回答问题									
学习主动性									
协作精神									
工作页质量									
纪律观念									
表达能力									
工作态度									
小 计									
总 评									

学习任务四　虚拟仪器测试

· 任务目的

了解虚拟仪器的概念和优点；掌握自动化测试系统的概念和优点；能够利用 Lab-VIEW 进行虚拟仪器设计。

· 任务要求

① 理论掌握程度；② 资料查阅能力；③ 设计能力；④ 小组内合作情况。

· 活动安排

（1）在老师指导下，查阅资料，了解虚拟仪器的概念，理解虚拟仪器的优点所在。

（2）在老师指导下，查阅资料，学习虚拟仪器软件 LabVIEW 的使用方法。并完成指定程序设计的任务。

（3）查阅文献，了解自动化测试系统的组成、优点，以及在生产中的应用。

（4）撰写任务总结报告，整理现场。

· 补充知识点

1. 虚拟仪器的概念

虚拟仪器，就是在通用的计算机平台上定义和设计仪器的测试功能，使用者操作这台计算机，就像是在使用一台专门设计的电子仪器。它突破了传统仪器的特点，将传统仪器由硬件实现的数据分析功能与显示功能，改由功能强大的计算机及其显示器来完成，并配置以相应的 I/O 接口设备进行数据采集，再编制不同测试功能的软件对获得的信号数据进行分析处理及显示，就可以构成一套完整的测试系统，并具备数据处理功能和友好的人机界面。同时，仪器的功能和面板可以由用户根据需要自行定义或扩展，而不是由厂家事先定义且固定不变。这样，用户不必购买多台不同功能的仪器，不必购买昂贵的集多功能于一身的传统仪器，也不必不断购买新的仪器。而且因为有网络的存在，可以应用网络实现仪器共享或远程控制。

2. 虚拟仪器的构成

虚拟仪器系统是由计算机、应用软件和仪器硬件组成的。硬件是指获得测试数据的各种硬件 I/O 接口设备，大致可分为 4 类，即 DAQ、GPIB、VXI、PXI，因此组成了 4 种虚拟仪器体系结构。无论哪种结构，都是将硬件仪器嵌入到笔记本电脑、台式计算机或工作站等各种计算机平台上，再加上应用软件而构成的。因而，虚拟仪器的发展已经与计算机技术的发展步伐完全同步。由于虚拟仪器更注重软件的应用和开发，所以虚拟仪器使用更方便，更新更快捷，修改更容易，并且功能比一般仪器系统更强大。只要具备必备的硬件，在加上丰富而且日新月异的软件系统，虚拟仪器将不断完善和进步，会逐渐融入现代生活生产中。

3. 虚拟仪器发展概况及前景

虚拟仪器广泛应用于电子测量、化学工业、电力工程、物矿勘探、医疗、振动分析、声学分析、故障诊断及教学科研等诸多领域。

目前，虚拟仪器在发达国家中设计、生产、使用已经十分普及。在美国，虚拟仪器系统及其图形编程语言，已成为各大学理工科学生的一门必修课程，而在我国虚拟仪器的设计、生产、使用正在起步。国内专家预测，未来几年内，我国将有 50% 的仪器为虚拟仪器。届时，国内将有大批企业使用虚拟仪器系统对生产设备的运行状况进行实时监测。随着微型计算机的发展，各种有关软件不断诞生，虚拟仪器将会逐步取代传统的测试仪器而成为测试仪器的主流。

4. 虚拟仪器与传统仪器相比所具有的优越性

传统台式仪器是由仪器厂家设计并定义好功能的一个封闭结构，它有固定的输入输出接口和仪器操作面板，每种仪器只能实现一类特定的测量功能，并以确定的方式提供给用户。从一般的仪器设计模型看，一种仪器无非是由数据采集、分析处理、人机交互和显示等几部分功能模块组成的整体。因此，我们可以设想在必要的数据采集硬件和通用计算机支持下，通过软件设计实现仪器的全部功能，这就是虚拟仪器设计的核心。这样我们可以在数据采集卡的基础上添加少量的硬件设备或者直接在原有数据采集卡的基础上开发虚拟仪器。

与传统仪器相比，虚拟仪器除了在性能、易用性、用户可定制性等方面具有更多优点外，在工程应用和社会经济效益方面也具有突出优势。一方面，目前我国高档台式仪器如数字示波器、频谱分析仪、逻辑分析仪等还主要依赖进口，这些仪器加工工艺复杂、对制造水平要求高，另外，在传统的计算机控制系统中，一块数据采集卡的作用通常是固定不变的。例如 A/D 转换器、D/A 转换器和 UO 连接器等。如果把计算机控制系统运用于虚拟仪器中，则可以实现一卡多用，甚至用户可以根据自身的特殊需要构建特定的虚拟仪器，且无需增加任何硬件设备，传统仪器就无法做到这一点。

5. LabVIEW 简介

LabVIEW 是 Laboratory Virtual Instrument Engineering Workbench 的缩写。它是一个工程软件包。LabVIEW 采用图形化语言编程，以方框图的形式编制程序，运用的设备图标与科学家、工程师们习惯的大部分图标基本一致，这使得编程过程和思维过程非常相似。LabVIEW 从基本的数学函数、字符串处理函数、数据运算函数、文件 I/O 函数到高级分析库，包括了信号处理、窗函数、滤波器设计、线性代数、概率论与数理统计、曲线拟合等，涵盖了仪器设计中几乎所有需要的函数。LabVIEW 的功能模块包括数据采集、通用接口总线和仪表的实时控制、数据分析、数据显示以及数据的存储。

6. 虚拟仪器设计实例：打地鼠

（1）设计步骤。在与实物机器进行一定参照后，有了大致的一个设计思路，就可以开始进行一下设计了。主要有前面板设计与程序框图设计。

1）前面板设计。根据在实际机器中的实物以及设计思路过程，大致需要地鼠、成绩显示屏、玩的过程中地鼠个数显示、时间的设置输入以及一些控制游戏始末的开关等。

在时间有限的情况下，没有能够自行设计一个控件，因此用布尔开关来模拟，当开关开时记作地鼠出现，关时记作地鼠消失。为进一步的区分这两种状态，可以让开与关时的布尔控件显示不同的颜色。还可以用布尔控件来控制类似的电源开与关、游戏的开始与结束。屏幕的显示用字符串显示控件可以满足。地鼠出现的总个数、打中的以及未打中的可以用数字显示控件未显示。当然时间的设置用数字输入控件好一些，为使时间的精度高一些，特以每 0.1s 来增加或减少。整体前面板控件如图 4-26 所示。

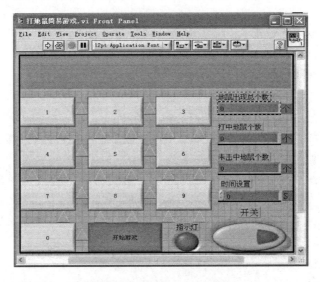

图 4-26　前面板的设计总图

2）程序框图设计。有了前面的大致控件的选择，要实现这些控件相互协调工作，就需要在程序框图里进行一定的算法结构。由于一个控件需要多次重复出现，故大量采用属性节点来达到一定要求。

首先，从总体控制单位开始，这个设计选择了条件结构来判断游戏可不可以开始，在游戏可以用后，用一个显示灯来告知使用者。若游戏不能用，则要把相关的控件清零，以便下次使用时不受上次的影响。如图 4 - 27 所示。

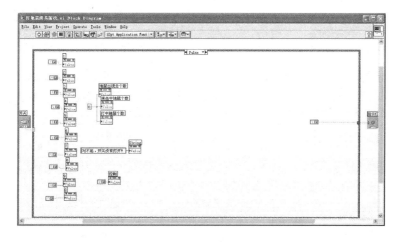

图 4 - 27　流程图 1

其次，在进入可以游戏过程后，需要另一个布尔开关用条件结构来判断是否开始或结束游戏，在开关为开时，即开始玩游戏了，首先对显示地鼠数目的项目进行清零，之后用一个 while 循环来使游戏反复运行，当然，其控制也是由游戏开始与否的开关来实现。

在 while 循环中，由于地鼠是用布尔控件来模拟的，将其值转换为数值显示，对所有控件的值用公式节点的结构方式相加，对得到的值再进行条件选择，如果这十个值相加为零，则说明所有地鼠没出现，此时就需要来随机产生地鼠了。可以用一个顺序结构来产生随机地鼠，先用自定义的字符显示在显示屏上，提示使用者，之后用以随机数产生一个数字在放大十倍后，进入一个条件节点后，对相应的控件进行编号，使每个地鼠出现的概率是相同的。每当进入某一个与控件编号对应的框图时，都将使该控件显示为相反状态，即处于开时的颜色，也就表示地鼠冒出了。接着，用运算规律对地鼠出现的总数目进行相应的跟踪显示。同时也会把使用者在玩的过程中击中地鼠的个数也相应计算显示出来。如图 4 - 28 所示。

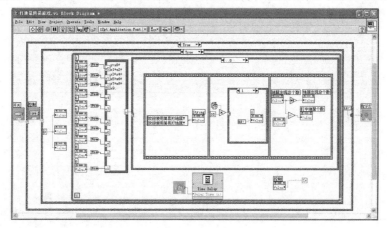

图 4 - 28　流程图 2

如果有一个地鼠出现了，那所有控件和为 1 了，进入下面的框图，此时可以通过按下对应的控件恢复最初状态，在循环延迟时间的设置下，得以连续进行。如果没有进行任何操作，则在进入该程序步骤时，就有一个计时已用时间，把该记得时间与设置的延迟时间相比较。如果大于等于的话，就对所有的地鼠全部清零，同时，未打中地鼠的数目将相应变化；如果记得的时间小于延迟时间，就不执行任何语句，此时处于等待时间。如图 4-29 所示。

如果控件的值相加，所得的值为其他情况，就可以直接用自定义的字符串说明游戏结束了，不能够继续玩下去了。

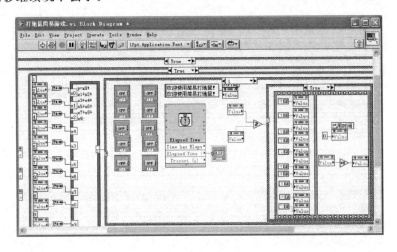

图 4-29　流程图 3

最后，在结束游戏后，主要是对结果的显示，如图 4-30 所示。在这里面，选择了建立文本的形式，当然，也增加了对结果的分析。如果打中地鼠的数目与出现地鼠的总个数之比大于等于 0.7 的话，将会显示你这次是成功的。相反，如果小于 0.7 的话，那可就还需再接再厉了。

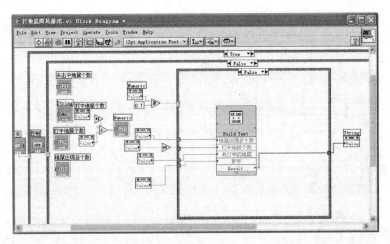

图 4-30　流程图 4

建立文本图标可以点击 programming→string→built text 得到，在建立文本编辑里进行设置，如图 4-31 所示。这是在比之小于 0.7 的时候文本形式，另一个只需把再接再厉改成恭喜你就可以了。对于每两个百分号里的变量要进行相应的类型设置。例如，地鼠出现的总个数需要变成 number 格式。还可以对数字出现设置相应精确度。

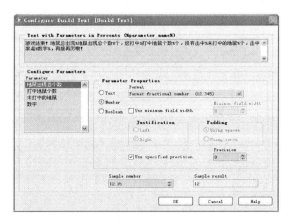

图 4-31　结果显示

（2）调试与分析。

完成打地鼠游戏的前面板和程序框图后，进行相应的运行，操作步骤如下。

第一步，点击连续控制按钮，运行软件；

第二步，点击开关按钮，至少灯相应变亮，其他控件都恢复初始状态；

第三步，用时间设置来自定义地鼠出现的时间间隔；

第四步，点击开始游戏按钮，进入游戏状态；

第五步，点击结束游戏，屏幕显示游戏结果，得到的效果如图 4-32 所示；

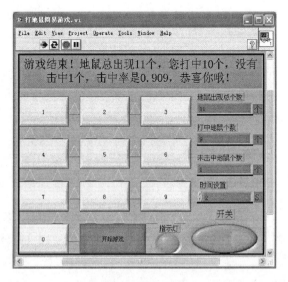

图 4-32　效果图

第六步，点击开关，指示灯变暗，离开游戏区。

第七步，点击程序结束运行。

评价与分析

表4-6 综合评价

项　　目	自我评价（占总评10%）			小组评价（占总评30%）			教师评价（占总评60%）		
	9～10	6～8	1～5	9～10	6～8	1～5	9～10	6～8	1～5
收集信息									
工程绘图									
回答问题									
学习主动性									
协作精神									
工作页质量									
纪律观念									
表达能力									
工作态度									
小　　计									
总　　评									

学习任务五　总结与评价

- 任务目的

通过对电子测试课程内容的总结，加深对电子测试知识和技能的掌握。

- 任务要求

① 汇报材料质量；② 小组协作处理问题情况；③ 汇报表达能力。

- 活动安排：

（1）以小组为单位进行活动，总结本模块中所涉及的知识点和技能点，完成文字总结。

（2）总结四个工作任务中的收获，制作PPT进行工作汇报。以小组为单位，每组制作一份PPT，选出一名代表进行汇报，同时完成小组间互评和教师评价过程。本过程中，汇报以答辩的形式进行，所有听众可以进行提问。

表 4 - 7   总结评价

项 目	自我评价（占总评10%）			小组评价（占总评30%）			教师评价（占总评60%）		
	9～10	6～8	1～5	9～10	6～8	1～5	9～10	6～8	1～5
PPT 质量									
汇报表达									
回答问题									
学习主动性									
协作精神									
纪律观念									
工作态度									
小 计									
总 评									

（3）教师总结，指出整个教学过程中出现的问题，并提出改进方案。同时，针对各组、各同学在本课程过程中的表现进行评价。